JN119003

動物福祉（アニマルウェルフェア）

世界の歩みと日本の取組み

植木美希
田中亜紀
町屋　奈
著

工作舎

凡例

本書は、日本獣医生命科学大学と東京都三鷹市の三鷹ネットワーク大学との協賛により２０２２年度に開催された「動物福祉（アニマルウェルフェア）をめぐる企画講座」をベースとしています。

――はじめに――

本書を手にされた方は、動物に関心がある方が大半であろうと思う。

本書は動物福祉（アニマルウェルフェア）の最新の状況について、家畜とペットの問題を中心に論じた本である。家畜についてはヨーロッパの最新の動きと対応する日本の動向、ペットについてはアメリカで始まった新しい取組み「シェルターメディスン」、そして日本のペットの飼育上の問題点について、現場での改善に取り組んできた3人の著者によるものである。いずれも世界と日本の最新の状況を伝えており、動物と共生できる社会をめざしていると言ってよいだろう。

最近は「動物福祉」や「アニマルウェルフェア」という言葉も、新聞やテレビ、インターネットでしばしば目にするようになってきた。インターネットの方がより話題になっているかもしれない。とはいえ、動物福祉やアニマルウェルフェアと聞いても、その内容については詳しくわからないという人も多いのではなかろうか。実際、さまざまな市民アンケート調査でも、知らない、よくわからないという回答が多い。

動物福祉は「動物の健康と幸せ」を考え、その状態を実践するものである。日本語の動物福祉とカタカナのアニマルウェルフェアは同じ内容を意味するのだが、漢字から連想する内容とカタカナからのものとでは、どこか違うような気がしないではない。農林水産省では漢字で「福祉」とすると人の福祉を連想し、動物の福祉状態との関連付けが難しいとのことから、「アニマルウェルフェア」とカタカナ表記である。本書では両方併記している。どちらも同じ意味で使用している。漢字表記の動物福祉の方が共感できる人と、もともとヨーロッパの概念で日本に入ってきた外来語だからカタカナ表記の方がわかりやすいという面もあるかもしれない。例えば、「有機食品」と「オーガニック」の場合と似ているかもしれない。有機農業は農薬や化学肥料を使用せず、環境に配慮して農業を実践するものである。もともと同じことを意味しているはずだが、カタカナでのオーガニックと使われている方が多いような気がする。日本語では土に密着し、英語ではもしかしたらお洒落なイメージが加味されるのかもしれないし、カタカナの方が使い手の自由度が高まると思われているのかもしれない。

また日本では「動物愛護管理法」に見るように、動物愛護という言葉が動物福祉に先行して使用されてきた。もともとは動物保護法であったものが、もっと動物の立場に寄り添うことを目的に改正された。だが、この愛護という言葉が極めて人の立場からの情緒的な印象を与え、動物サイドに立つことを難しくしているのかもしれない。では、福祉と愛護は異なるのか、畜産は動物を最終的には食品として食べるのだから倫理的な問題になるのではないか、など議論は尽きない。とはいえ、議論ができるということは、そこにさまざまな意味を見出すことでもある。それだけ動物と私たちの関係が深まり、共生する道を真剣に探していくことにつながるのではなかろうか。

本書は日本獣医生命科学大学に関係する3人の女性が著した本である。女性であることをことさら強調するつもりはないのだが、本書誕生の契機になったエピソードについては紹介しておきたい。

じつは、2019年から日獣大では、文部科学省の補助事業である科学技術人材育成費補助事業に同じ学校法人の日本医科大学とともに「ダイバーシティ研究環境実現イニシアティブ（牽引型）」、続いて2022年からは「同事業（女性リーダー育成型）」にも採択され、女性研究者の活躍を促進するプロジェクトに取り組んできている。私はその事業の採択に向けた申請の準備段階時から関わってきた。牽引型は本学だけではなく、地域や他大学でのダイバーシティを牽引していくという意味がある。また女性リーダー育成型は、大学のリーダーとなるような女性研究者を育成するという趣旨である。偶然にも、本学関係者で動物福祉の研究や普及に取り組んでいるのは女性の研究者と獣医師であった。私たちの取り組んでいる分野をぜひ多くの近隣の市民に知ってもらいたいと思い、2022年11月から2023年3月にかけて三鷹ネットワーク大学の協力を得て寄附講座を開催した。本書はその連続講座をもとにしている。

私が担当したところは、初回、動物福祉（アニマルウェルウェア）とは何かを家畜やペットを中心に説くセミナーであった。第2回はペット、第3回はシェルターメディスン、そして最終回は家畜の福祉ついて詳しく取り上げた。そのため、本書のPart Iは第I回の導入と最終回をまとめたため内容に多少の重複があることをお許しいただきたい。それぞれの章を独立しても読めるよう、ある程度の重複はそのままにしてある。

また本書は、家畜、ペット、あるいは卵の問題など興味のある章から読み進めていただいて構わないが、最終的には全部を読んでもらいたい。そして、これまでペットの問題には関心はあったが家畜についてはあまり考えたことはなかった、あるいは反対に家畜については知っているがペットの問題については考えたことはなかった、という読者も最終的には全ての動物の問題について考えていただくことができれば、著者としてこれほど喜ばしいことはないし、本書の目的はある程度達成できたことになる。

私自身は農業経済学を専門とし、有機農業運動に関わり、安全安心な食べ物のフードチェーンやフードシステムのあり方を中心に研究をしていた。それが、本学に勤務するようになり、学生の興味関心に触発されて家畜や畜産物、そして広く動物の問題にも研究分野を拡大していった。畜産や畜産物は、家畜を健康に育ててこそ安心安全な食料生産は成立する。また家畜の幸せにもつながる。

個人的な話で恐縮だが、ペットについては長く犬と共に生活をしている。2人の子どもが小さかった頃は、働く私に代わって、寄り添い力を与えてくれた。子どもが独立した現在は、本書でも登場するシェルターメディスン出身の犬とともに暮らしている。

本書ではワンヘルス“One Health”やワンウェルフェア“One Welfare”という用語が登場しているが、この地球上には人だけが暮らしているわけではない。私たちは、動物からさまざまな恩恵を受けて生きてきた。その意味からも、いのちのつながりを意識しながら人と動物とそして環境が、健康で幸せである持続可能な社会を実現したい。


出版にあたっては多くの方のご協力を得た。白玄舎の佐藤徹郎さんには、セミナーの原稿の段階から丁寧に読んでいただいた。また筆者の研究室であった動物科学科「食料自然共生経済学教室」の桑原考史さんにも校正の段階で目を通してもらった。

工作舎の田辺澄江さんには、ダイバーシティ事業の段階からさまざまな刊行物をお任せしてきた。本書の出版に当たってもセミナーの段階からご協力いただき、なんとか刊行にこぎつけることができた。表紙も学術書とは一味違う、素敵なデザインとなっている。

ご協力いただいた皆様に、筆者を代表して心より感謝申し上げます。

本書がワンヘルス、ワンウェルフェア、いのちのつながりに貢献することを願います。最後になりましたが、本書は学校法人日本医科大学の坂本篤裕理事長のご理解とご支援を得て出版されるものです。深謝申し上げます。

２０２４年６月

著者を代表して 植木美希

目次

Part. III

ペットと共に生きる
人もペットも幸せな社会に

町屋 奈

Part. I

家畜［産業動物］の健康と幸せを考える

先行するEUの動物福祉と求められる日本の変革

植木美希（うえき・みき）
日本獣医生命科学大学 名誉教授

―Ⅰ章―

アニマルウェルフェアの歴史と取組み

平飼いの養鶏、牛を放牧する酪農

本書のメインテーマである「動物福祉」は英語でアニマルウェルフェア（Animal welfare）です。日本では、２０００年頃からAnimal welfareを「動物福祉」あるいは「家畜福祉」と訳してきました。最近になってようやく、この用語を報道などで耳にするようになりました。あるいは目にする機会も増えて、改めてどういうことかと思われている方も多いのではないかと思います。

そこで最初に、動物福祉とは何かを具体例を示しつつ解説します。

［写真１］（015ページ）は、２０２２年10月に学生と山梨県甲斐市の黒富士農場へ行ったときの

ものです。ここは卵を生産する養鶏場です。春から11月初旬まで、昼は鶏舎の外に鶏を出して自由に運動させています。2022年は国内で鳥インフルエンザが、10月という早い時期から発生していましたが、山梨県ではこれまでまったく発生しておらず、黒富士農場の養鶏場も無事でした。

鳥インフルエンザの発生が確認されると、拡大を抑えるため保健所から連絡があって、周辺のどの鶏舎も鶏を外に出せる状態ではなくなります。鶏舎の中に鶏を閉じ込めておかなければなりません。こうした対策は日本だけではありません。鳥インフルエンザが発生すると、国を問わず当局が鶏を屋外に出さないよう指示します。今では鳥インフルエンザが発生していなくても、冬は鶏を外へ出すことができません。

私は、コロナ感染症の世界的な流行以前はよくフランスへ調査に出かけていました。[写真2]はその頃の撮影です。こんなにゆったりとした牛の放牧風景は、日本ではなかなか見られません。フランスはヨーロッパの農業酪農大国です。日本でもフランスのチーズを好む人が多いと思いますが、酪農が盛んなフランスではナチュラルチーズの数は何百種類にもおよぶと言われています。

牛は基本的に日中は放牧されています。積雪の多い地域では、冬季は牛舎の中で飼育されています。牛には本来オスもメスも角が生えます。写真の牛は、飼い主がけがをしないように、飼いやすいようにと除角をしています。日本を含めて多くの国がそうしています。その一方で動物本来の姿で飼いたいと、除角しないことを選択する飼い主がいます。また、生産者の所属している団体が規則で除角しないことを決めている場合もあります。

人間と深い関係にある動物たちを分類する

私が専攻する研究分野は「農業経済学」です。日本獣医生命科学大学（以降、日獣大）時代の研究室は「食料自然共生経済学教室」としていました。その立場から、アニマルウェルフェアを提唱しています。

私たち人類は有史以来、他の動物を食して命をつないできました。動物を食するうえで何が大切なのか、それは第一に動物が健康であることです。動物が健康で幸せであることが、人の健康や幸福にも反映されます。動物も人も、そして環境も、すべてを良くするにはどうすればいいのかを考え、研究に取り組んできました。

人間と深い関係にある動物を分類すると、次のようになります。

①産業動物：畜産物供給用、農耕用使役動物、レクレーション用家畜（競馬等）

[写真1] 2022年10月、学生と行った山梨県甲斐市の黒富士農場。鶏が平飼いされている。
[写真2] フランスの調査旅行中に撮影できた牛の放牧風景。

②ペット、コンパニオンアニマル：犬や猫など
③実験動物：医薬品、化粧品、研究開発
④展示動物：動物園の野生動物
⑤サービス動物：補助犬、警察犬、救助犬など
⑥野生動物：自然環境下での生育動物

家畜は、産業動物のカテゴリーに入ります。日本では、とくに都市部で暮らす人は家畜を身近に感じる機会はあまりないと思います。養鶏場にしても、鶏を飼っている状態を直に見ることはほとんどありません。

たとえば東京郊外の三鷹市では、今もキウイの果樹園で鶏が飼われています。その卵が市内のスーパーで売られていたりもします。市役所農政課の方にうかがうと、昔は市内で豚を飼っていた農家さんもかなりいて、家畜は今よりも身近な存在だったそうです。戦後でも農耕馬が見られるなど、東京でも少し郊外であれば牛が田んぼを耕す姿を見ることがありました。それほど遠い過去のことではありません。

さて、身近な動物では、ペットやコンパニオンアニマルとしての犬や猫がいます。学生に聞くと、うさぎも多いようです。最近では爬虫類や鳥類、もっと珍しいペットもいます。日獣大

では動物好きな学生が多く、何年か前の学生からは自分の部屋で小鳥を放し飼いにしているという話を聞いたことがあります。それで、「排泄物の処理はどうするの?」と問うと「追っかけながらきれいにしています」とか。自分の部屋で猫を何匹も飼っているという学生もいます。へびを飼っている学生もいて、この大学の学生らしいなと思いました。

ペットに関連することとして、最近では人と同じように犬などは長寿の傾向にあって介護問題などが起きています。老犬ホームをはじめ高齢のペットを預かってくれる施設なども増えているようです。

実験動物については、昔は人間の役に立つから実験に使用しても問題ないとの考え方から数多くのうさぎなどが使用されていました。しかし今では、厳しい見方がなされるようになっています。とはいえ実験動物もまた、私たちが健康に生きていくうえで欠かせない動物であることも事実です。

展示動物とは、動物園などにいる動物のことです。日獣大のある武蔵野市には東京都の井の頭自然文化園があります。本学にとって動物園は学生実習でお世話になることも多く、身近な存在です。また学生の調査によると、最近は商業施設の中のショッピングモールなどに小規模のふれあい動物園ができていて、その数が増える傾向にあるようです。買い物のついでに、猫や犬だけでなくいろんな動物とふれあうことができます。ただし、動物園にいる動物は、それ以前は野生だったので、どういう飼育方法がよいのか、人間がどう接するのがよいのかを考えてみる必要があるのではないでしょうか。

サービス動物とは、補助犬、警察犬、救助犬など、私たちの生活に役立つ、犬を中心とする動物を指します。

野生動物のカテゴリーに入るのは、動物園の展示動物以外の野生動物です。三鷹市や武蔵野市などでもアライグマ（アニメで流行し、もともと誰かがペットとして飼っていた）がいます。東京も奥多摩の方へ行くとニホンジカがたくさんいて、植物を食べるので、山が荒れてしまいます。そうした野生動物に私たち人間がどう接していくか、どう共存していくかは大きな課題です。農産物の被害もありますが、住宅地などでは家の中に侵入して室内を荒すなどします。なぜそうなったのかを考えていく必要があります。

『アニマル・マシーン』の提案

さて、動物福祉という概念が語られ始めたのはいつ頃からなのでしょう。

１９６４年にイギリスで出版されたルース・ハリソン（イギリス１９２０–２０００）"ANIMAL MACHINES"という本があります。日本では１９７９年に翻訳出版されました。この本が非常に重要な役割を果たしたと言えます。その2年前、1962年にアメリカでレイチェル・カーソン（アメリカ1907-1964）『沈黙の春』（新潮社1964：最初の日本語版タイトルは「生と死の妙薬」）が出版されていました。ちなみに、このときの副題は「自然均衡の破壊者（化学薬品）」です。日本でも多くの読者がいて、文庫本にもなっています。

『沈黙の春』は、農薬の被害を訴えています。第二次世界大戦が終わり、世界的に食料の増産傾向になってきたとき、農薬や化学肥料を用いることによって早く大量の食料を生産するようになりました。戦中に開発された化学兵器などを農業に活用しようと、新たにたくさんの農薬が開発されたのです。著者のレイチェル・カーソンは、このまま突き進めば、春になっても鳥のさえずりは聴こえてこないし花も咲かないだろうと、警鐘を鳴らしました。

一方『アニマル・マシーン──近代畜産にみる悲劇の主役たち──』（講談社1979）の著者ルース・ハリソンはイギリス人で、『沈黙の春』の畜産版といえる本を書きたいと考え、この本を出版しました。ですから『アニマル・マシーン』には、レイチェル・カーソンの前書きが寄せられています。世界大戦後の世の中で、農業部門では農薬や化学肥料を使用して生産を図ったのと同様に、畜産部門においても家畜をたくさん大きく早く育てて肉にしようと、いろいろな近代的工業的システムが開発されました。ルース・ハリソンは次のように訴えています。

「鶏を狭い所で飼うことはやめましょう。牛や豚も狭いところで餌をどんどんあげて飼うなどはやめましょう」と、家畜による大量生産の流れに非常に危機感をいだいていました。「ANIMAL MACHINES」をそのまま日本語にすると「機械のような動物」となりますが、もくもくと生産する機械のように使われる動物、その悲劇を訴えたのが本書です。とても大きな反響を巻き起こしました。イギリスではこの出版がきっかけで、酪農家が一般市民から攻撃されるなどの問題も起きました。そのためイギリス政府はこの問題の対処へ向けて歩み始めました。そこで生まれたのが、ブランベル委員会です。この委員会による政府への提案、たとえば「飼われている動物にも自由に動けるスペースが必要である」などが、イギリスでのアニマルウェルフェアが進むきっかけとなりました。やがてヨーロッパ全体へ、さらにアメリカ、世界中へと広がっていきます。

動物福祉の原則「5つの自由」

動物福祉とは何か。「動物が健康で幸せに生きられること」だと私は考えます。そのためには、しっかりと動物の健康に配慮した飼い方が必要です。最初は家畜に対しての動物福祉だったのですが、ペットや実験動物に対してもこの考えが広がっています。

次はこのブランベル委員会の答申がもとになり、そこから生まれた動物福祉の原則（1965

年発表）と言われる「５つの自由」を掲げ、私からの簡単な説明を加えます。この「５つの自由」についてては、本書PartⅢの町屋 奈さんからの説明もありますので、ここでは私の専攻である「農業経済学」の観点から、できるだけわかりやすく述べます。

①飢えと乾きからの自由

この自由のために、飼い主は家畜やペットがいつもご飯を食べることができて、水をしっかりと飲める状態にすること。

②不快からの自由

飼い主は動物がいる場所を清潔に。排泄物の臭いは健康にも害をもたらすので、そうした不快がないようにすること。

③痛み、傷、病気からの自由

けがをしたとか、病気になったときは、ちゃんと治療してあげること。

④本来の通常行動への自由

本来、鶏なら羽ばたくことができますが、ケージに入れてしまえば羽ばたけません。ペットの犬も走り回りたくとも、なかなかそうはできません。それは困った状況で、本来の動物の行動の自由が守られなければなりません。

⑤恐怖や悲しみからの自由

どんな動物でも恐怖や悲しみを感じるものです。狭い空間に閉じ込められるとか、処分されるとなれば恐れを感じるはず。そうした恐怖から自由になるよう努めましょう。あるいは言うことをきかないからと、たたいたり怒ったりすればおびえます。そういうことがないようにしましょう。

いろいろな動物の飼い方の基本原則である「5つの自由」が、畜産物をたくさん食べる食文化の欧米諸国では動物福祉として先行しています。

一方、日本ではお米や野菜がたくさん収穫できます。これらの農作物によって、ある程度は人のお腹が満たされるので、日本を含む温帯モンスーンのアジアの地域では人口密度が高いのが特徴です。お米は面積当たりの収量が多いので、面積が小さくともたくさんの人を養うことができるからです。お米は素晴らしい穀物だと思います。とはいえ、作る手間はかかります。

乾燥した気候の土地のヨーロッパでは、広い農地で、あまり手間をかけずに小麦を栽培します。緯度が高く小麦をたくさん収穫できない寒い地域では、雑穀や草しかはえないという土地もあります。それなら雑穀や草を動物に食べさせて、その動物の肉を人がいただくようにすればいいと、どうしても畜産物に頼る食生活になってしまいがちです。

しかし、動物を殺してまで食べるのはどうかと考える人がいます。1970年頃から、動物も人と同じ生き物ではないかと、いわゆる「動物の権利」や「動物倫理」が語られ始めました。

動物倫理とヴィーガン(Vegan)食などの傾向

動物と人間の関係はどうあるべきなのか、また動物とは本来いかなる存在であるかを考えるとき、ただ感情におもねるだけでは不十分です。「動物倫理」として考える必要があるとされます。しかし、実際の問題と倫理的判断の関係は単純ではありません。また、つきつめていくと動物倫理と動物福祉を厳密に区分することはできません。

最近では、こうした動物の権利の考えを反映して、代替肉や人工肉がいろいろ登場しています。先日も学生の実習で調べたのですが、スーパーに行くと多品種の代替肉が商品化されていることがわかりました。その多くが大豆を使っています。私などは、大豆のままの納豆や豆腐を食べる方がおいしいようにも思うのですが、どうなのでしょう。もちろん、肉と変わらないおいしい製品もありますから、日本社会でも肉を食べないという選択肢があり得るのだと思います。

今からもう20年ほど前のことですが、当時、共同研究のために招いたオランダ人の女性研究者がいました。日本国内の各地に調査などでいっしょに行くときも、彼女の食事はつねにヴィーガン食にしてほしいとのことでした。ヴィーガンとは「完全菜食主義者」を意味し、魚も卵もミルクやチーズも摂りません。精進料理のように、日本で完璧にヴィーガン食にするのはけっこう難しいものです。日本には出汁(だし)の文化があって、鰹や煮干しで出汁をとります。どこかで動物性のものが入ることが多いわけです。

欧米の場合、たとえばサラダとパンのような食事なら野菜に酢と油で作ったドレッシングの味付けでいいので完全なベジタリアンになれます。パンも乳製品を使わずに小麦と水だけで焼けばよいので、欧米の方がヴィーガン食の実践が楽なような気がします。

日本でも最近ではヴィーガン認証もできるため、ヴィーガンの人が安心して口にできるものも増えてきました。ただし日本の場合は動物の生き方を考えてというよりも、美容のため、ダイエットのためという人が多いというアンケート結果などもあります。とはいえ、食肉について考えるきっかけになればいいと思います。

さて、この動物倫理の代表的な論者として知られるのがピーター・シンガー(オーストラリア1946–)です。1970年代から動物の解放を説いてきました。人間と動物に差はない、差別してはいけないと主張しています。1988年にピーター・シンガー編『動物の解放』が日本語版で出版(技術と人間社)されています。

さらに"*The Case For Animal Rights*"(1983)を著したトム・レーガン(アメリカ1938–2017)は、

科学においての実験動物などもいっさい認めません。商業的な畜産も、スポーツとしての狩猟などもだめだと主張します。

動物の権利の立場から世界を見れば、現状の動物利用にかなり厳しい見解を持つ人が増加しているのです。

日本では動物福祉よりも動物愛護が浸透

世界的には、動物の権利を考える動きがこれまで以上に高まっているのですが、日本ではなぜか、動物福祉・動物倫理があまり広がりません。その理由は一つに、日本では動物愛護の考え方が主であって、関連する法律も動物愛護法であり、動物福祉は法律に登場していないからだと思います。

「動物の愛護及び管理に関する法律」は、昭和48年（1973）に公布されています。その第1条は目的です。

第1章　総則

（目的）

第一条　この法律は、動物の虐待及び遺棄の防止、動物の適正な取扱いその他動物の健康及び安全の保持等の動物の愛護に関する事項を定めて国民の間に動物を愛護する気風を招来し、生命尊重、友愛及び平和の情操の涵養に資するとともに、動物の管理に関する事項を定めて動物による人の生命、身体及び財産に対する侵害並びに生活環境の保全上の支障を防止し、もつて人と動物の共生する社会の実現を図ることを目的とする。

ここに愛護という言葉が出てきています。福祉ではありません。

第2条の基本原則には、動物が命あるものとうたわれています。これは、EUの考え方に近く、共生に配慮するともあり、重要な原則ではあります。

（基本原則）

第二条　動物が命あるものであることにかんがみ、何人も、動物をみだりに殺し、傷つけ、又は苦しめることのないようにするのみでなく、人と動物の共生に配慮しつつ、その習性を考慮して適正に取り扱うようにしなければならない。

2　何人も、動物を取り扱う場合には、その飼養又は保管の目的の達成に支障を及ぼさない範囲で、適切な給餌及び給水、必要な健康の管理並びにその動物の種類、習性等を考慮した飼養又は保管を行うための環境の確保を行わなければならない。

とはいえ、第3条以下にもたびたび愛護という言葉が登場します。

動物愛護週間を設けることも明記されています。

これが、日本の動物に関することのもとになっている法律です。動物とどう接するのがよいのかを考える場合、ペットを対象としている法律だと思われるかもしれませんが、家畜や産業動物も含まれます。すべての動物が、この法律でカバーされるということなのです。

日本でよく使われがちな「愛護」という表現ですが、愛して護るとはどういうことなのでしょう。どう愛するかは個人によって異なり、基準がありません。護るということも同様で、その方法は人それぞれです。じつに主観的であいまいで、個人の資質にゆだねられるというところが日本的なのかもしれません。

BSEの発生が畜産のあり方を問う

世界に目を向けると、家畜の飼育は科学的な根拠に基づく方法にシフトしつつあります。日本でも今後は、もっと動物の本来の行動様式を大事にする方向へと変わってゆくことでしょう。

そうはいうものの、イギリスで『アニマル・マシーン』が出版された1964年から動物の飼育方法がすぐに変わったかというと、そうではありませんでした。記憶されている方も多いと思いますが、1986年にイギリスでＢＳＥ（牛海綿状脳症）認定がなされました。人間にも伝染してクロイツフェルト・ヤコブ病となる人獣共通感染症です。このことが世界の畜産の飼育のあり方を大きく変える転換点となりました。ＢＳＥは、もともと羊や山羊類が発症するスクレイピー（伝達性海綿状脳症）という病気の一つだったということも知られています。

イギリスでは産業革命の頃から牧羊が盛んでした。毛織物を作るために羊をたくさん飼い、毛をかり、そしてその肉は食べていました。今でも羊の肉であるラムやマトンは人気があり、イギリスのスーパーに行くと食肉コーナーにはたくさん並んでいます。牛肉の場合も、食肉として利用できない骨や内臓等の一部を家畜の飼料用に加工していたのです。飼料にするときには、充分に温度を上げて圧力をかけて殺菌するのですが、燃料費の節約を理由にそうしなかったため、飼料の中に病気の原因となった物質のプリオンが残りＢＳＥが拡大したと言われています。

飼われている農場で１頭でもＢＳＥを発症すると、その農場の牛すべてを殺処分しなければならないといいます。日本でも2001年に感染が確認され、食肉を通して人間の健康にも危害を及ぼすとのことから、食品の安全性という点で大きな社会問題になり、牛肉の消費量も激

［写真3］1986年、イギリスでBSE第1号を認定。写真は1988年に、BSEの拡大を防ぐための政策の一環として、コーンウォール州の採石場で焼却される牛たち。Daily Mail Onlineより。

減しました。

［写真3］は、牛を野焼きしているところです。大きな牛を大量頭処分するという、じつに恐ろしい光景をとらえた写真が当時の新聞や雑誌などに掲載されました。

1964年の『アニマル・マシーン』の出版が、たしかに家畜の飼い方を再考するきっかけにはなったのですが、実際にはその後も集約的な、工業的な畜産はどんどん進み、こうした問題を引き起こしていたのです。さらに家畜の病気が人に感染するという、人獣共通感染症という問題も最近ではコロナ感染症のようにクローズアップされています。

BSEがヨーロッパに広がったことにより、食品安全行政なども変わりました。家畜ばかりか実験動物などに対しても、その飼育方法をどうするかなど、考え方が大きく変わってきています。

ＷＯＡＨによる動物福祉の定義

ＷＯＡＨ（World Organisation for Animal Health）世界動物保健機関という国際機関があります。２０２２年まではＯＩＥ（Office International des Epizooties）国際獣疫事務局という名称でした。この世界動物保健機関ＷＯＡＨは１９２４年に設立されました。１９２０年代にヨーロッパで起きた牛疫を防ごうと、蔓延防止のために獣医師が集まってできた団体です。日本は１９３０年に加盟しています。その後もＷＯＡＨは動物の病気を防ぐために、非常に大きな役割を果たしてきました。

当初のＷＯＡＨは、人間の健康にかかわる食肉の問題には取り組んでいませんでしたが、ＢＳＥなどの人獣共通感染症が食肉を通して拡大し大きな問題となってきたことから、食肉などの食品の安全性に直結する動物の健康と人間との関係を扱うアニマルウェルフェアを重視するようになりました。

世界的に見ても、動物福祉の重要性が叫ばれています。とくに冒頭で述べたように、鳥インフルエンザなどは地球温暖化や気候変動によって世界中で増加傾向にある大問題です。鳥インフルエンザが確認されるとその養鶏場の鶏すべてを殺処分しなければなりません。また、人にも伝染する可能性があります。BSEに罹患した牛と同じです。

豚熱も広がってきています。人の食用になる家畜の病気はじつに深刻な問題です。動物福祉に配慮して健康に飼育する、そうすると病気にもかかりづらくなるのではないかという視点で、動物福祉について考えることはますます重要性を増しています。経済的に、論理的に、さまざまな側面からの検証が進められています。

WOAHでは動物福祉をどのように定義しているのかを見てみましょう。次は、前述の「5つの自由」とともに世界的に認められている動物福祉の定義です。

動物福祉とは、動物の生活としての状況に関連した動物の身体的及び精神的状態をいう。動物が、その生活環境にうまく対応している状態をいう。動物が健康で快適で栄養豊かな本来の生態を発現していて、痛み、恐れ、苦痛等の不快な状態を経験していない時には、良好な福祉状態にある。

このように動物福祉を定義するWOAHは、そのホームページで「動物福祉は、科学、倫理、経済、文化、社会、宗教、政治的側面を持つ複雑で多面的なテーマである。市民社会からの関心も高まっており、世界動物保健機関（ＷＯＡＨ）の優先事項のひとつにもなっている」とうたっています。陸生動物のコードについてはより具体的に記載しています。畜種によってどう飼うべきか、あるいは動物をと畜するときや輸送のコードなども決まっています。唯一、採卵鶏のコードだけは加盟国の意見がまとまらず、最終案の段階で合意採択にはまだ至っていません。図らずもＷＯＡＨが述べているように動物福祉は複雑で多面的なテーマなのだと言えるでしょう。とはいえ、ＷＯＡＨの加盟国はそのコードを守らなければなりません。日本もそうです。2023年に日本の農林水産省から出されたアニマルウェルフェアの指針では、ＷＯＡＨのコードを遵守することが記されています。ここで動物福祉の考え方を私なりにまとめると、次のようになります。

- 動物が生きている間は幸せで健康に生きられること
- 感情ではなく、科学的な根拠に基づいて飼育や利用をする
- 人間が動物を利用することを否定しない
- 動物福祉に配慮した畜産物は人の健康にも役立つ
- つきつめると動物倫理と厳密な区分はできない

2章

アニマルウェルフェアの先進国イギリスに学ぶ

動物福祉の意識が高い三つの団体

I章では「動物福祉とは何か」を記してきましたが、動物福祉と動物倫理を厳密に区別することは困難です。動物福祉に関しては、イギリスがリードしてきましたのでイギリスの主な動物の保護を行う団体の活動について、その概要を紹介します。

主に次の三つの団体があります。

RSPCA（The Royal Society for the Prevention of Cruelty to Animals）王立動物虐待防止協会

CIWF（Compassion in World Farming）世界の農業現場における慈しみ
WAP（World Animal Protection）世界動物保護協会

この三つはともに大きな力があります。RSPCAは、世界最古の動物福祉団体として知られています。ちなみにイギリスでは今から200年以上前の1822年に、牛の虐待防止法ができました。なぜこの時期に、このような法律がつくられたのでしょう。

18世紀から19世紀半ばにかけてのイギリス社会は、産業革命により急激な経済成長を遂げました。ヨーロッパ全体がそうであったのかはわかりませんが、牛に犬をけしかけたりするという、家畜をいじめるなどの遊びが流行っていたようです。例えばそれ用につくられたのがブルドッグでした。ブル（bull）とは雄牛という意味です。その一方で家畜へのいじめを喜ぶ人間の行いに心を痛めた人たちが、牛や馬の虐待防止法を成立させました。通称「マーチン法」です。リチャード・マーチンという人が他の人といっしょにRSPCA王立動物虐待防止協会を設立し、その活動が素晴らしいと高く評価されました。RSPCAの頭のRはロイヤルの頭文字です。イギリス王室が運営しているわけではないのですが、立派な活動としてロイヤルの称号を団体の頭に付けることが許されたのでした。

RSPCA設立当初は、虐待された動物やペットの保護などに取り組んでいました。ところがイギリスでＢＳＥが発生し、大きな問題になりました。食べ物に関連する産業動物つまり家畜のことにも取り組まなければならないと、ＢＳＥ発生以降は産業動物の福祉にも力を入れています。５つの自由"Five Freedoms"に配慮して、よい育て方をした家畜から生産された畜産物にはＲＳＰＣＡのマークを付けるフリーダムフード認証を１９９４年に開発しました。［図１］は、その後、RSPCA Assuredとなってからのマークです。

ＣＩＷＦは畜産の問題に特化した団体です。１９６７年に牛の飼い方を案じた酪農家夫婦が設立した団体というだけあって、非常に行動力があります。ＣＩＷＦは今ではフランス、イタリア、チェコ、アメリカ等にも組織があります。また、ＣＩＷＦのインターナショナルな団体CIWF Internationalはすべての家畜をケージフリーにする運動のリーダーにもなっています。

三つめのＷＡＰは１９５０年に動物保護世界連盟（ＷＦＰＡ：The World Federation for the Protection of Animals）という名称で設立されています。その後、ＩＳＰＡ、ＷＳＰＡと名称を変更し、現在のＷＡＰとなっています。こちらも世界14か国に活動拠点があります。動物保護指標を作成し、世界50か国の状況からランク付もしています。ヨー

［図1］RSPCA認証マーク
上が新しく、下のフリーダムフードマークから変更された。

ロッパのこうした主要な団体は相互に連携する連合組織のようでもあり、ロビー活動も熱心に展開しています。実際に動物保護に関わる団体はヨーロッパ中に多数あります。それらが、動物のための欧州グループ（Euro Group For Animals）を結成し、ヨーロッパの法律を変えていくほどの力を発揮しています。

また、すでに記したように活動の場はイギリスだけにとどまりません。ＲＳＰＣＡもＣＩＷＦも、他国に支部を置いています。日本のいくつかの団体もＣＩＷＦからの助成金を受けました。日本の動物擁護（福祉）団体はとても小規模で予算も少ないところが多いですが、他方、イギリスの福祉団体には寄付金も多く集まり、会員もたくさんいます。私はＣＩＷＦ、ＲＳＰＣＡ、ＷＡＰ（旧ＷＳＰＡ）の三つとも訪問したことがあります。ＷＡＰはロンドンの一等地の大きなビルの中にあって、ＲＳＰＣＡは自前の大きなビルを保有しています。初めてこのビルを見たとき、その大きさに目を見張り、日本との歴史の違いや重みを感じました。

ヨーロッパではこのような団体および賛同する市民の力が大きく、動物福祉に関しての福祉政策が進んでいます。その政策が進むなかで、１９９９年「バタリー採卵鶏の保護基準」指令が制定されました。狭いところで鶏を飼うことは将来的にできなくなるということを定めたものです。１９９９年には、ヨーロッパ全体の憲法のようなアムステルダム条約が、「動物の保護および福祉」議定書に「動物は感受性のある存在（sentient being）」であるということをしっかりと位置付けています。

ＥＵの動物福祉がどんどん進んでいきます。２００６年のリスボン条約本項13項に「動物は感受性のある存在」がうたわれ、実際に２０１２年にはバタリーケージ禁止が発令されました。豚についてもストール（檻）飼育が禁止されています。

非ケージ卵、平飼い、放牧、有機の卵

２００２年に日本国内の動物福祉の普及をめざして結成された団体の一つに「農業と動物福祉の研究会」がありました。研究者や関係者で作った小さな団体でしたが、私も立ち上げから運営に関わっていました。この研究会のシンポジウムに、現在のＣＩＷＦの中心メンバーをお招きしたことがあります。［写真４］は、そのときに提供いただいたスライドです。鶏でも羽を広げるとこれくらいの広さが必要ということが可視化できるわかりやすいスライドです。実際には多くが狭いケージに入れられています。これをバタリーケージ（Battery Cage）といいます。英語のバタリー（Battery）は繋がっているという意味もありますから、繋がっているケージということです。広さは、一区画がＡ４サイズの用紙（210×297mm）以下です。そこに２羽程度の鶏が入っています。このバタリーケージがあまりに非人道的ではないか、鶏の本来の行動様式

に合っていないと、EUでは大問題となって2012年に禁止されました。

EUの国々のスーパーマーケットではどこも、卵に数字0、1、2、3の表示をしています。これを見ると、どういう飼い方をしているかがはっきりとわかります。数字0は有機、1は放牧、2は平飼い、3は改良型ケージを表しています。消費者はこの表示を見て、やっぱり狭いケージは良くなさそう、屋外で自由に風を受けて遊んでいる方がよいのだと認識します。ケージ飼育の鶏の卵の売行きはしだいに落ち込んでいます。その結果、大手スーパーに行くと、ほとんどがケージフリーになっています。「平飼い」であったり、「放牧」であったりします。週末の食卓にはちょっと高めでもいいものをと、消費者がやや高め

［写真4］2012年、EUは従来型バタリーケージ養鶏の禁止を訴えている。

でも放牧の鶏卵を買うように変わってきました。

　この卵の表示が始まったのが２００３年のことです。こうして非ケージ卵である平飼い、放牧、有機の卵が増えています。とはいえ実際には、改良型ケージ卵がまだ39％（２０２２年データ）はあります。それらは加工用にまわされ、マヨネーズやケーキになることが多くなってきました。海外に行かれたときは、ぜひ意識してスーパーの卵売り場を見学してみてください。ヨーロッパのホテルなどでは「うちはケージフリーの卵を使っています」という表示がなされていたりします。

　日本は残念ながら9割以上が狭いバタリーケージで飼われている鶏卵です。［写真5］は、フランスのスーパーで撮影したものですが、

［写真5］2003年、EUにおける卵殻直接表示がスタートした。すべての卵に0から3までの数字が表示されている。写真はフランスのスーパーマーケット。

大きな卵売り場に集まった卵それぞれから、どういう産まれの鶏卵であるかがすぐにわかるようになっています。

数字0は有機卵で、親鶏が自由に放牧場に出て草をついばむことができる環境にいます。一般的に鶏の飼料はとうもろこしが多いですが、農薬や化学肥料を使っていません。もちろん放牧地になる畑にも農薬や化学肥料は撒きません。有機の飼料による鶏卵であることがわかります。

鶏も豚も牛もケージフリーに

では卵だけが、ケージフリーの親鶏から生まれればよいのでしょうか。卵を産むのはメスであり、オスのことは考えなくてよいのか、となります。オスの鶏は育てても肉としては美味しくないからと、ヒナの段階で処分されているのです。近年ブロイラー（肉用鶏）・鶏肉は、ヘルシーだということで人気がありますが、採卵鶏の雄のヒナは育てても肉用鶏のような肉質にはなりません。しかし、ドイツでは殺処分してはならないと、法律で決まりました。今後はヨーロッパ全体で雄のヒナの処分を禁止する方向に行くだろうと予測されます。

さらにEUでは、すべての動物をケージフリーにしようという動きがあります。“End the Cage Age”という欧州市民イニシアティブの活動です。2018年に「すべての動物をケージフリーに」と提案し、2021年6月にはEU委員会で採択されています。

欧州市民イニシアティブとは、EUが権限をもつ政策分野について、市民が加盟7か国から計100万人以上の署名を集めれば、欧州委員会に対して立法を提案することができる制度です。これはEU市民に新しく付与された権利であって、2009年のリスボン条約で導入されました。

現在はネット時代ですから、ネットで署名してもよいとされています。27か国のうちのそれぞれの市民の何パーセントかという決まりはありますが、市民の意見が政策に反映されやすい、このような制度があるのです。鶏だけではなく、母豚も、子牛もケージフリーにしてあげたいという市民の気持ちは理解できます。

日本では肉質のやわらかな黒毛和牛肉がありますから、ことさら子牛であることを強調した肉を食べる習慣は聞きませんが、ヨーロッパでは黒毛和牛のような肉質がやわらかくおいしい牛はあまりいません。ミルクを出さない雄牛は「ヴィールカーフ」といって肉用にしますが、ヴィールカーフの多くが子牛です。ここにも問題が潜んでいます。子牛を狭いところで飼い、運動しないようにして貧血状態にし、肉のやわらかさを保ちます。ヨーロッパでは「子牛のカツレツ」「子牛のシチュー」などがレストランのメニューにありますが、そうした育て方を思うと、どうしたものかと考えてしまいます。

ＥＵの委員会食品安全ＨＰを見るとEnd the Cage Ageが上がっています。食品安全のページにアニマルウェルフェアに関する詳しい内容があることに意味があります。すべての家畜をケージフリーにして閉じ込めないことが決まりました。実施されると、現場が変わります。どのようにどこまで変わっていくのかは、まだ最終的には決定していないので、しっかり見てゆく必要があります。実験動物についても同様の決まりが成立しています。たとえば日本から化粧品を輸出する場合、動物実験をとおして開発されている製品は認められません。

企業の動きを変えようという活動もあります。ＢＢＦＡＷ（Business Benchmark Farm Animal Welfare）が登場し、ＥＳＧ（Environment/Social/Governance 環境・社会・ガバナンス）投資などと密接に関わり、しっかりと動物福祉をしている企業には投資をしましょうと、指標を示す団体があります。数年前にその代表者ニッキー氏を日本に招いて、講演をお願いしました。イギリスでは現状に満足せず常に新しい方法を開発導入して動物をめぐる環境を改善しようとする基盤があるようです。じつはここにも先述したＣＩＷＦやＷＡＰが関わっています。

現在のヨーロッパは、動物福祉を進めていくために具体的な行動を起こそうという傾向にあります。以前から「当社ではケージの鶏卵や鶏肉は扱っていません」と表明している多国籍食品企業などが数多くあります。家畜は非常に数が多く、私たちの生活と密接につながっています。そこをより良い方向へ変えていくことは、とても重要で社会に与える影響も大きいと思います。人獣共通感染症の問題にどう対処するのかの答えを見つけ、持続可能な地球にするためにも早急に向き合うべき課題です。

以上、家畜を中心にヨーロッパの動物福祉がどう進んできたのかを記しました。

ペットとコンパニオンアニマル

ペットおよびコンパニオンアニマルについては、詳しくはPartⅡとⅢで語られます。ここでは概要のみとします。

ペットすなわち日本語では愛玩動物です。最近はペットも伴侶、すなわちコンパニオンアニマルとして家族のように育てる方が多くなっています。「愛玩」を広辞苑で引くと「もてあそび楽しむこと」「大切にしてかわいがること」とあって、愛護に近い意味があります。

ペットとコンパニオンアニマルは、現在では家庭内飼育が基本です。個体差が許され、多様性も許され、違いが珍重されます。先ほどブルドッグの話をしましたが、ヨーロッパ全体、とくにイギリスでブリーディング、つまり犬種の改良を目的とした繁殖方法が進んできました。狩猟犬や家庭犬の開発にも取り組んできました。ネズミを捕れるように素早く動ける原種の開発から生まれたのがヨークシャーです。犬によって、その目的が異なります。見栄えがよいからと開発されるケースもあって、多品種に及んでいます。人気の犬種、または猫の種類によって繁殖数が調整され、販売される数量が変わります。売れるからとどんどん増やしていき、どう流通されているのかもわからなくなるケースもあります。

食用動物や実験動物の場合は、基本的には個体差がないほうがよく、恒常的に均質的な育て方が求められます。計画的な繁殖を経営者サイドが決めなければならず、その管理が大変です。事故に巻き込まれたり病気になったりすると困るし、人の健康にかかわってくる事象なので、関連する法律がたくさんあります。どこで問題が発生したのかがわかるように、フードチェーンのトレーサビリティ、つまり事業者には追跡可能であることが求められます。

ところが、ペットの流通にはそういうことがありません。とはいえペットにも「5つの自由」は約束されなければならず、それプラス終生飼養、つまり生まれてから死ぬまで責任を持ってしっかりと育てなければなりません。ペットとちがい、家畜や実験動物について命の終わり（End Point）は人間が決定権を持っています。

私も犬を飼っているので、ペットショップに行くことがあります。子犬でも少し大きく育っているだけで、値段が大幅に下がっていたりします。ずいぶん安価になっている犬を眺めていると、店員さんから「この子はご家族が決まりました」と言われ、ほっとしたこともあります。小さいうちの方が可愛いので売れるからといって、無計画な繁殖をすれば売れ残ってしまうことにもつながります。コロナ下で自宅にいる時間が増えたことで、ペットを飼う人も増えたようです。ペットの価格は、世相にも左右されます。最近は動物愛護法の改正もあり、ペットショップでアルバイトしている学生などに聞くと、「うちのお店はすべての子の行先が決まるように最後まで努力する」と話していました。

「3Rの原則」と欧州市民イニシアティブ

実験動物については「3Rの原則」があります。1959年にイギリスのラッセルとバーチという人物によって提唱されました。人間の生存および健康科学のためとはいえ、実験に動物を使うことは最小限に抑えよう、できれば生体ではなく細胞を使うなど他の方法が考えられないかと、代替法（Replacement）の活用が推奨されています。あるいは実験動物の数そのものを減らそうと、削減（Reduction）の検討もされています。さらに動物への苦痛の軽減（Refinement）をプラスして「3Rの原則」です。

日獣大でも、動物の生体を用いて実験をするのではなく、できるだけ模型などを使う方向に代わってきています。実験動物を用いる場合は、その研究意義や目的を明確にし、科学的な実験操作によって誰が実験しても同じ結果が出るように再現性が重視されなければなりません。

動物福祉への配慮と、それに関わる法律をしっかりと守っての実験であることが求められます。

ところで日獣大には［写真6］のような獣魂碑があります。実験・研究などでお世話になった動物の魂を祀っています。1年に1回は動物慰霊祭を執り行います。他の大学にもあると聞いていています。このような習慣は欧米にはないようです。

先述した欧州市民イニシアティブでは、実験に使われる動物を極力なくしていこうという動きがあります。たとえばうさぎは人間の目薬や化粧品の開発などによく使われていて、ヨーロッパではすでに禁止されていたのですが、若干のグレーゾーンがあります。［図2］は、その部分に訴えるうさぎをデザインしたマークです。

繰り返しになりますが、欧州市民イニシアティブとは、EUが権限をもつ政策分野についてEU加盟国のうち7か国から100万人

［写真6］日本獣医生命科学大学のキャンパスに設置された獣魂碑。

Save
Cruelty Free
Cosmetics

［図2］欧州市民イニシアティブによる、実験動物をなくしていこうと呼びかけるマーク。

以上の署名を集めれば欧州委員会に対して立法を提案できる制度です。つまり欧州市民イニシアティブの成功は、１００万人以上の市民によるものということです。ＥＵの人口は２０１９年で４億５０００万ほど、日本の３倍くらいです。１００万人の市民の積極的な発言が、ＥＵの政策そのものを変えていくという行動は素晴らしいと感じます。

動物園の動物のための環境エンリッチメント

動物園は、種の保存、教育・環境教育、調査・研究の役割を担う場であり、人々のレクリエーションの場でもあります。動物園にいる動物も野生動物です。動物園という狭いところに集められた世界中の珍しい動物を見るにつけ、本来の野生動物からするとどうなのかという疑問の声があがっていました。飼育環境の問題点も指摘されてきました。とはいえ一方で、人間による地球規模での開発が進み、その土地にもともと生息していた生物がいなくなるなど、いわゆる絶滅危惧種も増えている状況です。種の保存という意味では、動物園は重要な役割を担っている面もあるのだと思います。

動物園という環境では動物本来の生息地の環境と異なり、生きてゆくことが難しい動物もいます。たとえば、日本では人気が高いイルカショーなどは、海外から批判の声が多くあがっています。そのため水族館によってはやめたところ、近い将来の中止を表明しているところもあります。今では映像によって世界中の珍しい動物を見ることができるのだから、動物園や水族館なんてなくてもいいと言う人もいます。しかしどうでしょう。私自身もどちらとも言えません。難しい問題だと思います。動物園には教育的な効果もあるでしょうし、子どもはもちろん大人でも、動物を好きな人たちはたくさんいます。今後は動物園の限られたスペースであっても、動物福祉に十分配慮した飼い方をすることが、取るべき方向性として、より深く見直されていかなければならないのだと考えます。動物園で動物福祉に配慮した飼育も重要な要素となってきました。

それを実現する方法に環境エンリッチメントという考え方があります。動物園等では、次のような事項に留意すべきとされています。

- 飼育環境の改善
- 遊び道具を用意して、動物が退屈しないようにする
- 本来が野生動物なので、常にお腹いっぱいではない給餌方法の工夫が必要

［写真7］大阪市の天王寺動物園の象舎。2021年3月から、地方独立行政法人として再スタートした天王寺動物園は「動物福祉に配慮しながら、皆さまがわくわくする魅力的な施設展開に尽力――」と表明している。

- 動物の社会性につながる刺激も欠かせない
- 感覚による刺激や認知刺激が必要
- 新たな飼育環境になじむための訓練をする

最近は動物園も確実に変わりつつあります。［写真7］は大阪の天王寺動物園ですが、その動物が生息していた本来の場所に近い飼育環境をめざしています。全国のさまざまな動物園で徐々にそうなってきているのではないでしょうか。2021年の春に東京の多摩動物公園に学生たちと行ったときには、象の飼育舎が新築中でした。より象の生育に適した、原産地に近い飼い方ができる象舎に変えていくのだとうかがいました。

3章

動物福祉すなわち「食の安全性」

「平飼い卵」を求めるも、動物福祉の意識は?

最近では多くの人が、近くのスーパーなどで「平飼い(ケージフリー)卵」という表示を見かけるようになったのではないでしょうか。[写真8]は、日本獣医生命科学大学の学生に買い集めてもらった卵のパッケージです。大学近隣にあるイトーヨーカドーをはじめ、成城石井、クィーンズ伊勢丹、たいらや、サミット等々で「平飼い卵」がけっこう増えていて、身近な食材になってきていることがわかります。ところが、ケージフリーとアニマルウェルフェア(動物福祉)ということばが結びついているかというと、日本ではまだその意識が定着していないことが、

［写真8］首都圏で販売されているケージフリー卵のパッケージ

二〇二二年夏に実施した学生による市民アンケートからもうかがえます。次ページからの［図3］の円グラフに沿って説明します。

無料でできるアンケートのグーグルフォームズを用いて市民の皆さんに、また山梨県の甲斐市で平飼いや放牧をしている養鶏家による直売店（甲府市）に来られる方々に、アンケート調査をさせていただきました。店舗にいらっしゃったお客さまに、学生がお店のご協力をいただき店頭で調査をしました。じつは調査した学生の実家がたまたま甲府市で、もともとその直売店で購入していたとのことなので、学生にとってはかなり身近なお店ということになります。帰省時にアンケートを実施しました。

［図3］にあるように、「アニマルウェルフェ

アという言葉を知っていますか」という問いに対しては、市民アンケートでは「知らない」が72・3%、平飼い卵直売所の店頭アンケートの結果も「知らない」が68%にも達しています。まだまだアニマルウェルフェアという言葉が浸透していないことがわかります。お店に行けば、平飼いや放牧といった飼育方法については店頭表示があって目に入り認識するものの、アニマルウェルフェアと平飼いや放牧が結びついていないことの表れでしょう。残念ながら日本ではまだ広く理解されるには至っていません。

この直売所では、平飼い卵だけでなく、「さくら卵」と表示されたものも売られています。国産で卵殻が薄いピンクのような茶色、さくら色をしていることがこの名の由来です。「さ

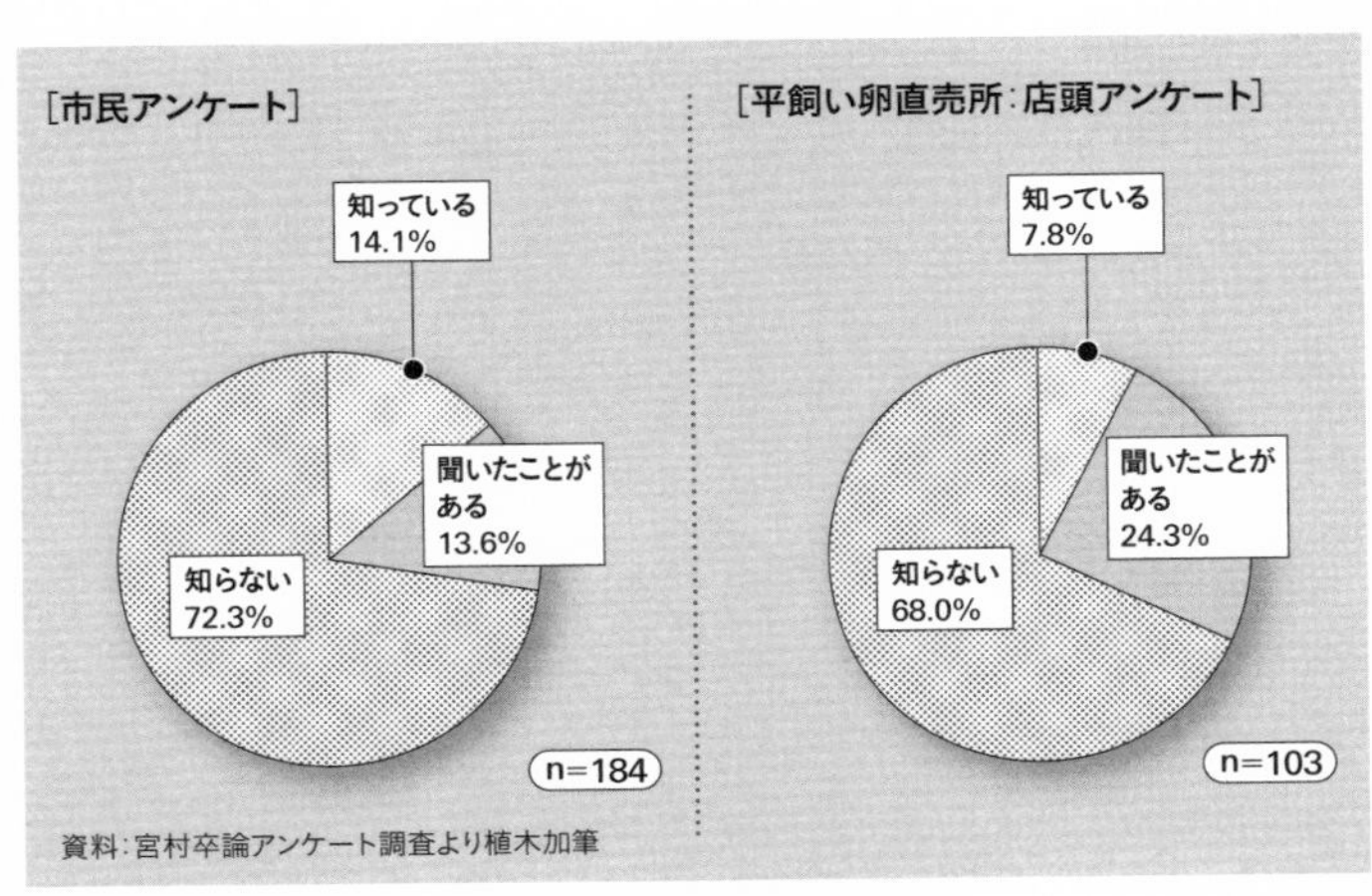

[図3] 動物福祉(アニマルウェルフェア)という言葉を知っていますか

くら卵」は他の生産者も使える一般名称です。バタリーケージではありますが、開放型のケージで光が入り、風通しもよい環境で飼育されたさくら卵は、平飼い卵や放牧卵と比較するとかなり安価なので購入される方も多いようです。

［図4］は、一般市民のアンケートの結果です。「平飼いや放牧という飼育方法を知っていますか」という問いに「知っている」が25・5％、「聞いたことがある」が53・3％となって、両者を合わせると8割近くになり、かなり多いことがわかります。直売所でのアンケートでは、当然ながら知らないという人はわずか6・8％ですから、平飼いや放牧という飼育方法がこのお店に来られる消費者には身近なものになってきています。

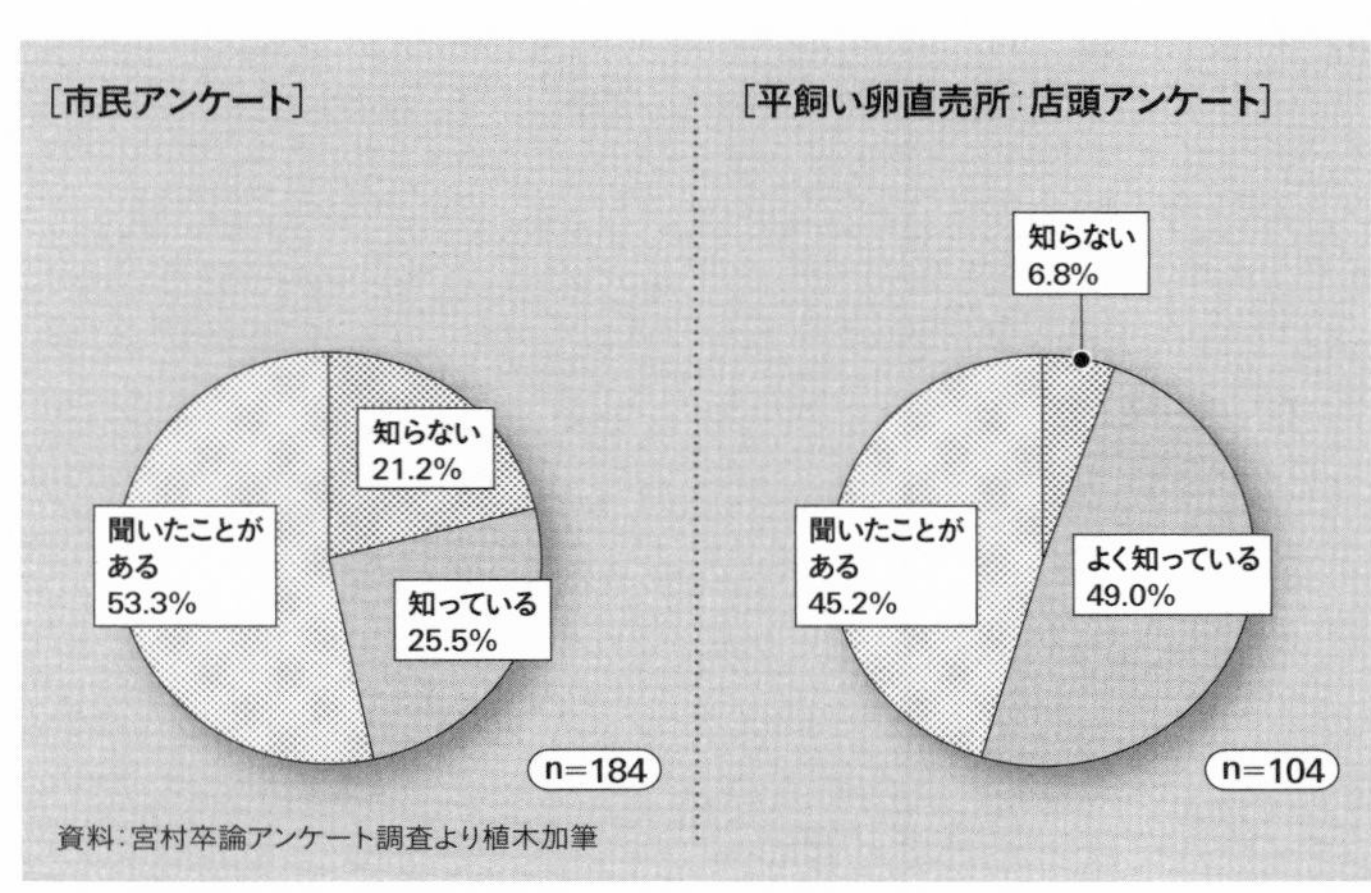

［図4］平飼いや放牧という飼育方法について知っていますか

日本の消費者の場合、卵を購入するときの決め手は何でしょう。卵のパッケージにそのヒントがありそうです。そこで「卵のパッケージにどのような情報があると購入したいと考えますか?」という質問を立てました。選択肢にある「安全で美味しい」「ビタミンEが豊富」「栄養成分表示」など、市販されている卵のパックの表示を書き出し、テキストマイニングという手法を用いて頻度の高いものを抽出しました。その結果を〔図5〕にまとめると、栄養成分(飼料)や安全性、また卵の味などが購入への大きな要素であることがわかります。

市民アンケートの結果でも、また平飼い卵の直売店でのアンケート結果からも、「安全でおいしい」がいちばんの購入動機になっていることがわかります。また市民アンケートの方では、NON-GMO(遺伝子組み換えではない飼料を使用)が8・6%に対して直売店の方では15・5%に達しています。

直売所店頭アンケートで2番目に多いのが「平飼い」です。つまり「遺伝子組み換えでない飼料を使用した平飼い卵です」という点に消費者は魅力を感じてこの直売店で購入されていることが読み取れます。生産者からのヒアリングでは、土・日などは県外からのお客さまもけっこういらっしゃるそうです。

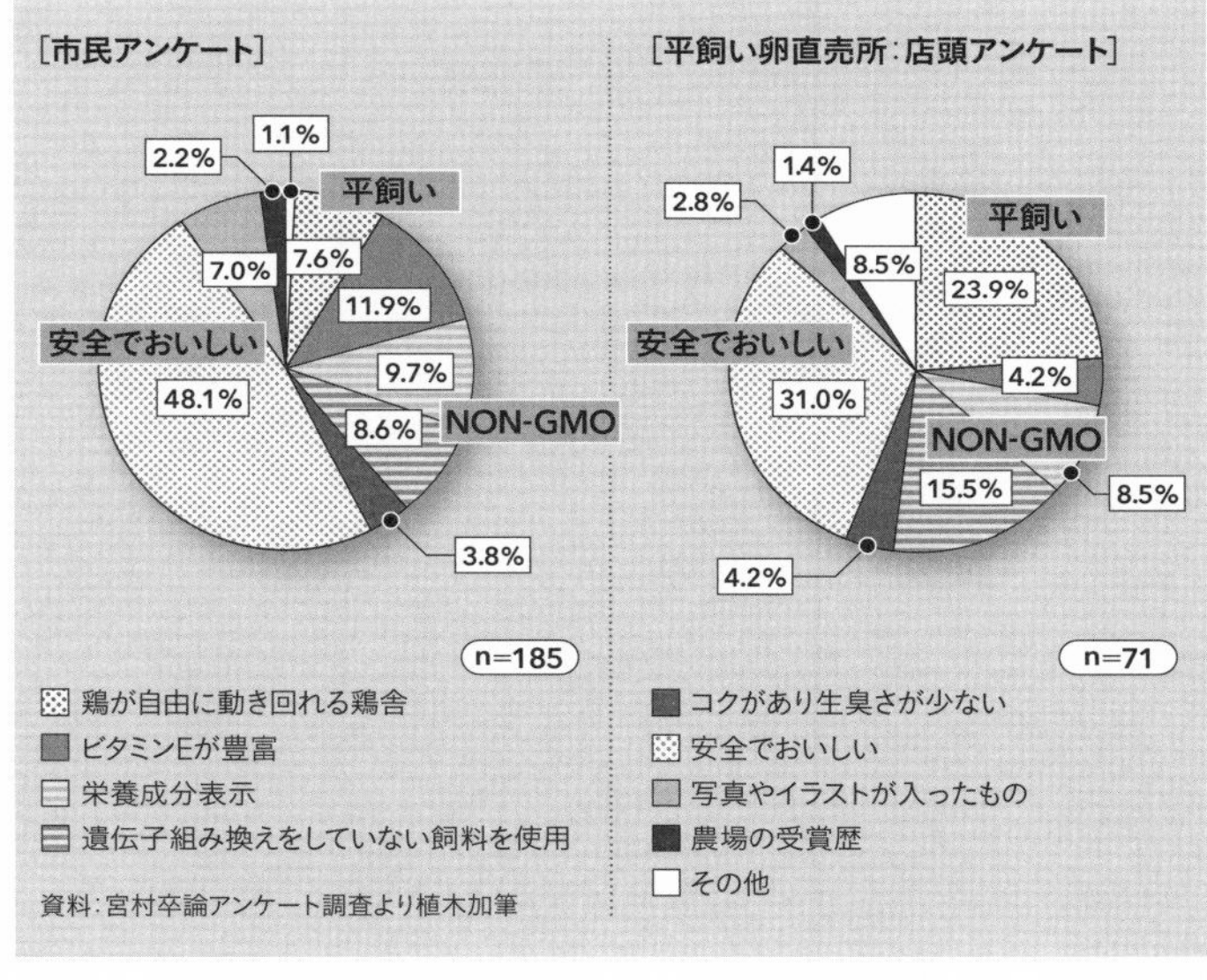

[**図5**] 卵のパッケージにどのような情報があるとき購入したいと考えますか

鳥インフルエンザからの悲しき大量処分

いま、鳥インフルエンザが世界的な問題となっています。鳥インフルエンザには、低病原性と高病原性があります。問題になるのは、言うまでもなく非常に病原性の高い高病原性鳥インフルエンザです。2022年には例年になく早い時期から、かなりの速さで多くの地域において発生が確認され、たくさんの養鶏場で処分がなされています。一つの養鶏場で100万羽を超える鶏が殺処分されるなどのニュースを聞くと、やりきれない気持ちになります。

なぜ、その養鶏場のすべての鶏を処分しなければならないのでしょう。死んでいる数羽の鶏を調べて、高病原性の鳥インフルエンザのウイルスが確認されると、同じ養鶏場で生きている鶏もすべて処分しなければならない。それだけウイルスの感染力が強いということです。またたくまに広がってしまうので、かわいそうであっても処分せざるをえません。

数字だけで比較すると、三鷹市の人口が19万、その5倍の人が一気にいなくなったら大変なことです。そう考えると、鳥インフルエンザはとても恐ろしい病気です。鶏をケージで飼っている大規模な養鶏場で、ひとたび鳥インフルエンザが発生すると、処分の数も厖大になります。

こうした大規模養鶏場が造られた背景には、戦後の急速な経済成長があります。人口が増えて、食料の増産に拍車がかかりました。鶏卵は「完全食品」とか「物価の優等生」などと言われてきました。栄養的にも優れているので、赤ちゃんから高齢者まで、すべての世代が利用できる食品です。さまざまな料理の素材となり、お菓子づくりにも欠かせません。鶏卵は極めて優れたオールマイティな食材であると言えます。

そのような卵を提供してくれる鶏が一挙に処分される。こうした恐ろしい状況は、世界的なものであって、その発生頻度が速まっていることも事実です。従来は冬場に多かったのですが、気候変動による温暖化で季節を問わず発生するようになるのではないかと懸念されています。

ツルが飛来する地、鹿児島県出水市の異変

では、私たちはどう対応していけばよいのでしょう。感染を防ぐために鶏を処分しなければならないとしても、大量処分を回避できないものでしょうか……。

朝日新聞の記事によると、鶏の大量処分による悪臭が発生したことがあるそうです。処分の際には鶏に二酸化炭素ガスを吸わせるのですが、ガスが足りなかったりすると、パタッと苦しまずに死なせることができず、生きたまま埋めることになりかねません。日本の場合は、そういった処分の方法に問題があって、昔はその処分方法に対して海外から批判を浴びたこともあります。

生きた状態の鶏を処分する、そうした仕事をしなければならない人もいるわけです。たとえばＪＡ（農業協同組合）や自治体の保健所職員がその仕事に当たることが多いのではないかと思いますが、仕事とはいえ精神的な負担が大きいはずです。

そのような意味でも、安くたくさん売られている卵について、どのような飼料を食べ、どのように育てられ、消費者のもとに届くのかを改めて考えてみる必要があるのではないかと思います。鳥インフルエンザの発生を報じるニュースでは、卵の値段が上がることを問題にしていることが多いのですが、その背景には多くの鶏の殺処分がなされている事実があります。そのことをもっと考えていく必要があるのではないでしょうか。

鳥インフルエンザは野鳥から感染するらしいということで、日獣大の院生と鹿児島県の出水市に調査に行ったことがあります。出水市は冬になるとたくさんのナベヅルが飛来することで有名です。ツルは美しいですが、絶滅危惧種でもあります。２０２２年から23年にかけての冬は、出水市への飛来数が激減しているとのことです。お隣の韓国で、ツルの越冬地が整備されたからではないかとも言われています。しかしどうでしょう、いま日本では鳥インフルエンザが流行っているからと、ツルの方が野生の直観をはたらかせて「日本は危ない」と察知しているのかもしれません。野生動物を専門とする日獣大の先生にうかがってみると、もっと過ごしやすい場所ができたからだとおっしゃっていましたが……。昔は日本各地に飛来していたツルですが、鹿児島の出水市は数少ない現在の飛来地の一つです。

じつは第二次世界大戦以前は全国各地で人と野生動物が共存していました。ところが、戦後の高度成長期に水田で農薬や化学肥料を多く使うようになり、開発も進んでどこもだんだん棲みづらくなってしまいました。しだいに野鳥などが減り、兵庫県豊岡市のコウノトリや佐渡の朱鷺（トキ）なども、絶滅危惧種となって姿を消していき、その後コウノトリはロシア、トキは中国から再導入したという経緯があります。私たち人間の都合だけで、生物の世界を変えてしまっているという問題でもあるわけです。農薬や化学肥料を使用しない農業を行うことで、さまざまな生き物が生存できる場を再度作りだしていく必要がありそうです。

虐待防止から始まったアニマルウェルフェア

先の章でも触れましたが、イギリスでは１８２２年に、牛の虐待防止法が公布されています。こうした流れから、動物福祉はヨーロッパ、とくにイギリスで進んでいると言われます。

もともとヨーロッパの農村でも、家畜と人はゆったりと暮らしていました。そうできなくなった時代とも重なるのですが、牛に犬をけしかける、馬を人間がいじめて遊ぶなどの行為が見られるようになりました。こうしたことを心配した人の活動によって、牛の虐待防止法「マーチン法」が公布されます。その2年後のちょうど200年前の1824年にはRSPCA（The Royal Society for the Prevention of Cruelty to Animals）という、イギリスで最大の動物福祉団体を結成しています。その後20世紀に入って動物福祉が進むかと考えられました。1911年に動物保護法が公布されますが、その後は、第一次世界大戦と第二次世界大戦がありました。

第二次世界大戦後、ようやく平和な世の中になり、食料の増産が加速します。かつてのイギリスでは、植民地でたくさんの食料を作って本国へ輸入できていましたが、そうはいかなくなって国内での増産に着手します。

また家畜をもっと効率よく飼育しようと技術開発も進みます。卵であれば、量産をねらってバタリーケージがイギリスで開発され、それがアメリカに渡りアメリカで完成され拡大して、世界に広がっていきました。日本にも導入されます。肉用鶏（ブロイラー）に関しては、狭い所で餌をたくさん食べ早く大きくなる飼料効率の良い品種が開発されていきます。いわゆる品種改良です。今でも「若鶏」という名称で販売されたり、レストランのメニューで表記されていることがあります。生まれてから40数日で肉になるからです。

動物福祉すなわち食品の安全性

1964年、イギリスの畜産動物福祉団体のCIWF（Compassion in World Farming International）で活動するルース・ハリソンが『アニマル・マシーン』（日本語版は1979年）を出版し、その少し前にはアメリカでレイチェル・カーソン『沈黙の春』が出版され、農薬の恐ろしさを告発しています。

時代を変えるような二つの本を著したのは、どちらとも女性です。『アニマル・マシーン』がイギリスで出版されると、畜産農家が焼きうちにあうなど大きな反響を巻き起こしました。そこでイギリスでは政府の諮問委員会であるブランベル委員会が設立されました。ブランベル委員会が、当時の家畜の飼い方に問題があると訴え、委員会で議論されるようになります。その議論をまとめた「ブランベルレポート」にはIntensive Livestock Husbandry Systemつまり「集約的な畜産システム」に置かれた動物のウェルフェアに関する質的な問題点が書かれていました。また、「動物に自由を与えるべきだ」という記載があり、動けないような狭いところで鶏が飼われているのは問題であるとしています。牛の飼育方法についても指摘しています。

たとえば日本では、肉質が軟らかい種類の和牛がいます。これは、筋肉である赤身の間に脂肪が細かく混じること、つまり交雑により柔らかい肉質にするわけです。ヨーロッパにはそういう種類の牛がいません。和牛がＷＡＧＹＵとして海外で人気が高いからといって、日本国内での和牛の飼育方法にまったく問題がないかというと、そうではありません。脂肪が霜ふり状に多く含まれる和牛の方が高級肉とされますが、あまりに脂肪が多い肉質は、人の生活習慣病のように牛にとっても病気のリスクを高めます。また先に記した、子牛を狭いところで飼い貧血状態にして肉質を軟らかく保つ飼育方法の問題点についても『アニマル・マシーン』では指摘しています。

向きを変えることも、身づくろいをすることなどもできない状態で飼育されている動物が多くいるという指摘をしたブランベルレポートでは、自由に動けるような飼い方をすべきだと訴えています。委員長のブランベルさんは、当時イギリスのノースウエルズ大学の動物学科の飼育を専門とする先生でした。

こうしたことが起点となって、動物福祉の原則「５つの自由」が普及しはじめます。今では畜産だけに留まらず、ペットや実験動物にも、人間が扱うすべての動物に対してこの「５つの自由」が原則であるとされています。

その後の１９９９年、ヨーロッパ憲法であるアムステルダム条約の特別議定書に、家畜はモノではない「家畜は感受性のある存在（Sentient Being）である」と明記されます。２００７年にはリスボン条約の本条項である第13条に「動物は感受性のある存在」とされました。そして

2021年、End the Cage Age欧州市民イニシアティブとして、すべての家畜が2027年にはケージフリーになることがEU委員会で採択され、ヨーロッパは大きく変わりつつあります。そのEUの食品安全に関するホームページ内に短いビデオメッセージのようなかたちで、「動物福祉を実現すること」と「農業者へのサポートの充実」が記されていることが、私には非常に印象的でした。というのも、現在の許容範囲でケージやクレートを使用している農業者の場合、もし全ての家畜をケージフリーにしなければならないとなると、畜産業を将来的に継続していけるのだろうかという危機感を抱くに違いないからです。

動物福祉と食品安全は切り離せません。セットで動いているのだと思います。ヨーロッパでは生産から消費までを連続して捉えることに力をそそぎ、欧州食品安全機関（EFSA：European Food Safety Authority）の設立も行いました。トレーサビリティ（追跡可能性）や衛生管理の国際的手法HACCP（ハサップ：Hazard, Analyze, Critical Control Point）などの導入が進められています。日本でもBSEの教訓からEUのように食品安全委員会の設立やHACCPの導入が進んでいます。

EUでは非ケージ卵が圧倒的な人気

卵の話に戻します。鶏は地面の草を食べたり、虫をついばんだり、砂浴びをして他の鶏と遊ぶなどの習性があります。ところが、多くはひたすら人間が用意した飼料を食べて卵を産むマシーンと化しています。バタリーケージのような狭いところにいる鶏は、餌を食べるしかありません。一方、バタリーケージの良いところは産卵された卵とフンは分離されるので、卵にフンが着くことが少なく、卵がサルモネラ菌で汚染されるという問題も少なくなります。

ヨーロッパでは日本のように卵を生で食べることはないので、冷蔵では売られていません。常温流通です。生で食べる日本では、基本的に冷蔵流通されます。日本の大きな養鶏場ではGP（Grading, Packing：選別とパック詰め）センターを持っていて、卵に傷がないかをチェックします。そのあとに次亜塩素酸で消毒してから出荷しているところが大半です。ヨーロッパでは生卵を食べる習慣はなく、洗卵はしません。とはいっても平飼いの場合は、平床式でもエイビアリー（止まり木、巣箱、砂浴び場が設置されている）でも、ヒナのうちに訓練をしないと巣外卵と言って鶏が巣箱に卵を産まず、床に生んだりすることもあります。そのような卵はいつ産んだのかがわからないので、安全性に問題が生じて商品価値がなくなります。こうしたことから平飼いの場合は、ヒナのうちの訓練と管理が重要になります。人でも鶏でも教育は大事ということでしょう。

2012年にはバタリーケージが禁止され、今はそのバタリーケージでの鶏の飼育はまったくなくなりました。それに代わってEUで認められている改良型（エンリッチド）ケージでは、1㎡ほどのケージに13羽くらいが飼われています。ケージの中には止まり木や産卵のための巣箱の設置が義務付けられていますが、それ以上の規則はありません。すると、最初にケージのどの場所に鶏が入れられるかによって、その鶏は一生涯同じ1m²の中で飼料を食べ、卵を産むことになるわけです。

日本ではまだ90%以上の養鶏がバタリーケージであり、鶏1羽あたりA4判用紙1枚よりも小さいスペースで暮らしています。バタリーよりは広いものの、窓のない薄暗いところで、限られたスペースでしか動くことのできないエンリッチドケージは、ヨーロッパの消費者には「バタリーケージと変わりない」と不評です。

卵の1個ずつに付けられた0から3までの生産表示番号には、非ケージ卵であるかどうかが明記されています。こうしたことが、消費者が積極的にケージフリーを選択する購買行動に影響を与えています。

とはいえ消費者の卵の消費量を賄うためには、ある程度の羽数の鶏を飼育する必要があります。どうやってたくさんの鶏を飼うのが良いのでしょう。新たに考えだされたのが、［写真9］の多段式平飼い「エイビアリー」というシステムです。こうするとEU規則では3段まで飼うことができます。鶏が跳んで3段目から1段目や地面に降りることもできるので、上下運動ができます。通路を挟んで向かい側の段に飛び移ることもできます。あるオランダの研究者は、いわゆる昔ながらの平床式平飼いよりも鶏の運動量が多くなって、鶏本来の行動様式が見られるからよいとしています。写真では鶏がすごく混み合っているように見えますが、そうではありません。この生産者の鶏舎の場合、鶏が警戒心を持たず、好奇心が旺盛なので人の方へ寄ってくるため、奥の方は空いています。人に興味をいだいて寄ってくるのです。ケージフリーであることからストレスが少ないのかもしれません。

[写真9] 1980年代に開発された多段式平飼い「エイビアリー」。鶏の上下運動が多くなる。

どんな環境で生まれてきた鶏卵なのか

自然光が入り風通しが良い鶏舎であれば、平床式平飼いとエイビアリー平飼いのどちらが良いとはいちがいには言えません。鶏の研究者でもまだ意見が分かれると思います。鶏にとってはどちらがよいのでしょう、鶏に聞いてみたいです。

I章の最初に学生と調査実習で行ったときの鶏の放牧の様子を紹介しましたが、学生も鶏をキャッチできるので、とても喜んでいました。鶏も人に馴れています。こうした放牧もあり、鶏の飼い方は多様です。

さて、消費者が卵を購入する際、卵の売り場で鶏の飼い方を表示しているかどうかは大事なことだと思います。ヨーロッパでは、卵の一つひとつにしっかりとその生産方法の表示がなされています。消費者は、どんな育てられ方をした卵を買っているのかを常に意識することができます。生産方法の表示が消費者に受け入れられ、歓迎されたといってもいいでしょう。するとしだいに表示がいきわたり、2012年にバタリーケージが禁止されると、2015年にはバタリーケージでの卵の生産は0となりました。狭いケージで飼育されている鶏は一羽もいないということです。本当にゼロです。ウソではありません。

さらにどのような変化が起きているかというと、バタリーケージからEUで認められている改良型ケージに代わった時期もあったのですが、消費者がケージを好まないのでこのエンリッチ改良型ケージも減少し続けています。

ヨーロッパでは2012年のバタリーケージの禁止以降、改良型ケージで生産された卵は高くは売れず、かなり多くが加工用、マヨネーズ用、お菓子の材料になることも多く、改良型ケージは「儲からないからやめます。平飼いに転換します」という養鶏家が増えていることも事実です。私がイタリアで視察した養鶏生産者も改良型ケージの隣に新しい多段式平飼いであるエイビアリー鶏舎を建設中でした。

イギリスの消費者は、平飼い以上に放牧を好むようです。イギリスがEUを離脱したので、いったんは統計的にはEUの放牧率が落ち込んだのですが、その後はまた増加しつつあります。放牧で飼われ、かつ飼料に農薬や化学肥料を使っていない有機卵については、やはり高価であることから、なかなか増えてはいませんが、それでも増加傾向にあります。ただし、値が張るといっても日本ほどではありません。ヨーロッパでは有機の飼料をEU域内で生産している割合が日本よりもはるかに高いからです。つまり、畑作などの農業生産と家畜から卵や肉を生産する畜産は密接な関係にあります。その国の人々が農業を応援するという姿勢がないと、農業生産が衰退し、輸入に依存するようになるので、なかなか良い卵や肉を食することはできません。

卵売り場の生産方法表示が世界に広まる

消費者はスーパーに行くたび、卵売り場の看板を見て、少し値段が高くともケージよりは平飼いの卵を買おうとなります。地面に接して育っている、あるいは放牧されている方が健康でよいだろうと判断するのでしょう。お祝い事や家族揃ってゆっくり食事をしたいという特別なときには少々高くても、放牧卵やさらに奮発して飼料にも農薬や化学肥料が使われていない有機卵を選んでみようとなるのではないでしょうか。

フランスはマルシェ（市場）が盛んで、行ってみると活気に充ちていてとても楽しいです。どんなに小規模な生産者でも、卵には政府が決めた義務表示である生産表示をしています。日本の場合はケージであることの表示は義務ではないので、生産者は飼育方法以外の特徴を自由に思い思いのキャッチコピーにしたためています。生産者の規模によって表示したりしなかったりですが、ヨーロッパでは強制的な表示であることが功を奏しているのだと私は思います。日本の「道の駅」のような直売所でも、必ず卵の一つひとつに生産表示がなされています。

２０２０年９月のデータでは、日本の場合は94％以上の鶏卵がケージで飼われた親鶏からのものです。平飼いや放牧の場合は、生産者が自主的に表示しています。ケージに関しては「開放ケージ」という表示をときどき見かけるようになりました。とくに生協などが取り扱う鶏卵では多くなっています。一般のスーパーで販売されている大半の鶏卵が「ウィンドレスのバタリーケージ生産」ですが、そうした表示はこれまでに見たことがありません。日本では飼育方法の表示に関する規則はありません。ですから消費者は卵を産む鶏がどのように育てられているかを知る機会がほとんどないと言えます。

近隣のアジアの国はどうかというと、韓国では2018年の8月からヨーロッパと同じように1～4の生産方法の表示がスタートしています。台湾でも2021年からスタートしていて、もともと放牧と平飼いの卵だけに表示していたのですが、22年1月からはケージについても表記するようになりました。

フランスは有機農産物への関心、食の安全に対しての関心が非常に高くなっています。2023年の夏に調査に出かけたときは、有機食品や自然食品を扱うスーパーでは有機卵の大きなコーナーがあって目を見張りました。秋にイタリアへ行ったときも平飼い卵しか扱っていないとの大きな掲示POPがあり、ケージフリーの卵が定着していることを実感しました［写真10・11］。イギリスは放牧卵の人気が高いことはすでに記しましたが、さらに増えています。とはいえ鳥インフルエンザが発生した場合は、該当する地域の放牧は当局によって規制されます。放牧から平飼い表示に変更されると政府の公報に記されています。表示の正しい運用がなされている証であると言えるでしょう。

［写真10］フランスとイタリアの平飼い表示された卵のパッケージ

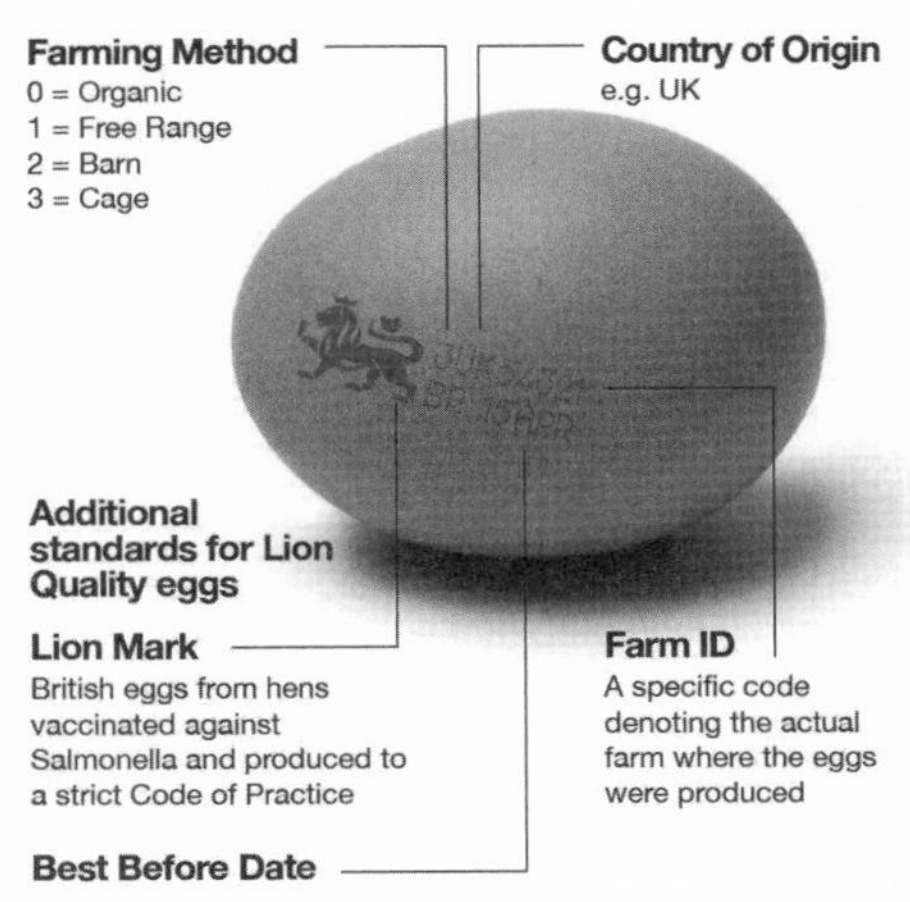

［写真11］英国王室の紋章であるライオンマーク表示がなされた鶏卵。EU規則と同等の表示がある（英国王室が認証しているのではない）。

4章 人が主体ではない、豊かな未来のために

家畜[産業動物]の健康と幸せを考える
植木美希

人口増に合わせてブロイラーを品種改良

「ブロイラー」といわれる肉になる鶏は、日本ではだいたいが窓のない空間で過密な状態で育てられています。薄暗いところで長い時間飼料を食べています。昔からこんな育て方をしていたのかというと、そうではありません。戦後の1950年代後半、ブロイラーの品種改良が急速に進みました。鶏肉の需要がとても高まったためです。1957年、1978年、2005年の商業ベースのブロイラーの品種改良がどう進んできたか、という論文があります。写真も数多く収録され、わかりやすく構成されています。

その論文によると、１９５７年当時は孵化したばかりの生まれてすぐのヒナは34～44グラムほどでした。４週間後は３１６グラム、８週間後は９００グラムになっています。ところが20年後の１９７８年には品種改良が進んでいて、より大きくなる鶏を残して増やしていくようになりました。生まれて４週間で６３２グラム、20年前の2倍です。この生後４週間の鶏を「若鶏」と言うようなりました。８週間では１８００グラムになります。そして２００５年には、生後８週間のブロイラーの体重は４０００グラムに達しています。約50年で４・５倍です。

日本で若鳥とされる鶏肉を関西では「かしわ」と言います。畜産物をそのままの名前で呼ぶのではなく、鹿肉であれば「紅葉（もみじ）」、猪肉は「牡丹（ぼたん）」というように、植物の名を合わせています。もともと外来種の鶏の羽が茶褐色であって落葉した柏の葉に似ていたことから「かしわ」としたようです。私たち人間が畜産物の肉を食するのは、尊い「いのち」をいただくことという日本人の特別な思いが、こうした命名からもうかがえます。

人口が増えたから、安価で良質のたんぱく質を摂取できる鶏肉を食べようと考えるのはよいとしても、鶏にとっては一大事です。急激な品種改良で、自分の体重を支えられずに、足に負担がかかりケガをするブロイラーもいます。急激に太るので、心臓が悪くなるなどの問題も起きてきました。

病気にならないように、たくさんの抗生物質を与えると、抗生物質に対する耐性ができてしまいます。そうするとやはり人の場合と同じように、抗生物質が効かなくなるという鶏にとっても、また人間も脅威に晒されます。そうした面からも、畜産動物を健康に飼育することにつながるアニマルウェルフェアに力を入れていこうとしています。ペットをかわいがることで、飼い主の幸せや癒しにつながるということとは異なり、家畜はその生産物を通して人間の健康と密接につながり、地球の健康ともつながっています。

鶏肉は近年、人気の高い食肉です。一昔前まで、日本では欧米と異なり鶏胸肉はもも肉と比べて、あまり人気がありませんでした。ところが最近では、サラダチキンなどのレシピが開発されヘルシーメニューとして人気が高まっています。人の健康だけではなく、鶏の健康にも配慮したいものです。

産地表示は鶏、牛、豚の食肉にも

ヨーロッパでは卵の生産方法表示が定着して広がり、そのことを動物福祉団体などが高く評価しています。もともとは採卵鶏のアニマルウェルフェアの状況が劣悪だからと始まったのですが、それが非常に成果を上げていることから、他の畜産物にも導入しましょうとなっています。フランスやドイツ、イギリスのスーパー等で一部導入されています。

フランスでは、ＣＩＷＦフランス等によって新たに考案されたアニマルウェルフェアＡＢＣＤＥマーク（étiquette bien–être animal）があります。アルファベットのＡからＥまでの５つの文字を使って肉用鶏の飼育方法を表します。こちらはアルファベットとともに、飼育方法がわかりやすいようにイラスト入りです。フランスで１９５８年に設立されたLoué養鶏生産者組合は、本部があるLoué（地域名）の地域を中心に鶏を放牧するなどの趣旨に賛同する生産者が組合員となっています。設立されたのが１９５８年であることを考えるととても先駆的です。生産者全員が放牧をしているこの組合では、さっそくこの新たなＡＢＣＤＥラベルを使うようにしました。Ａは放牧で飼育日数も81日等の基準があります。Ｂは屋外へのアクセスが可能、Ｃは改善された鶏舎、Ｄは少し改善、ＥはＥＵ最低基準となっています。Louéの鶏肉はこのラベル表示のＡとＢのみです。フランス全体では鶏肉の約10％にこの表示が貼付されているようです。とても愛らしくてわかりやすい表示なのですが、強制的な表示ではないので、まだ、それほど普及していないようです。

ＥＵを離脱したイギリスですが、スーパーではＥＵ諸国と同じような表示が導入されているようです。例えば、イギリスのあるスーパーは、ドイツに本社があるスーパーの傘下にあるので、その親に当たるスーパーにならってすべての畜産物に生産方法をしっかりと表示するようになっています。消費者は買い物をするたびに表示を見ることになるので動物福祉に関心のない人でも家畜の飼い方を意識するようになることは確かです。こうしたヨーロッパの新しい動きは、生産者が実施するだけではありません。流通や外食産業にも波及し始めています。

同じ鶏肉では「ベターチキン」という取組みが2010年より始まっています。ベターチキンコミットメントBCC（The better chicken commitment）は、外食産業での導入が多いのですが、従来の狭く暗い所で24時間飼料を食べさせ続けるような飼育方法ではない育て方をして、よいチキンを提供しますという趣旨のものです。ベターチキンの基準は、飼育密度を30kg/m²に抑え、止まり木を与え、鶏が突っつくことのできる素材を与え、品種改変され過ぎず成長が緩やかな品種であることとされています。そして、と畜はガスで気絶させる方法に変えようというものです。

フランスのABCDEマークではちょうど真ん中のCが該当します。

地球の豊かな未来のために

日本でも、外食や持ち帰りができる唐揚げやフライドチキンはとても人気があります。しかし、欧米に本拠地がある多国籍企業の場合、国ごとの生産状況に大きな違いがあると、すぐには本国の調達基準に合わせることができません。欧米に本拠地のあるファストフードチェーンの取組みをインターネットのホームページで閲覧すると、日欧米の違いがわかり興味深いものです。

たとえばイギリスのマクドナルドのエッグマフィンの鶏卵についてはすでに100％ケージフリー放牧を達成しています。アメリカでも「チキンウエルフェア」として2030年までの鶏肉でのアニマルウェルフェアの改善を表明しています。日本のマクドナルドでは、「地球の豊かな未来のために」というサイトがあって、紙製のパッケージを森林認証の紙に変えるなどが記されています。これはこれで大事かと思います。

パーム油問題もあります。RSPO認証（Roundtable on Sustainable Palm Oil）を得たパーム油の使用が推奨されています。私はもともとある生協のパーム油から作られた洗濯石鹸（粉石鹸）を使っていて、汚れ落ちもよく無香料なので気に入っていました。ところがあまりパーム油を使えなくなったために、一部廃油を用いるようになると、匂いが変わってしまいました。リサイクルでもっと質の良いのができないものかと思います。

動物福祉とともに、次のような消費者の権利もあります。

①安全が保障される権利
②選択の機会が確保される権利
③被害が救済される権利

④情報が反映される権利
⑤意見が反映される権利
⑥消費者教育が提供される権利

日本の食品表示は、基本的にＪＡＳ（日本農林規格）によります。ＪＡＳの中にもいろいろあって、［図6］に示すように有機ＪＡＳとか地鶏肉熟成ハム類ＪＡＳなどがあります。これらが統合され、富士山のイラスト表示のＪＡＳになります。

鶏肉の場合、そのもととなる種鶏を生産しているのは世界で数社しかありません。数社の独占です。日本ではほとんど種鶏は作ってこなかったため、海外で鳥インフルエンザなどが発生すると日本に種鶏が入ってこなくなって、鶏肉生産に支障をきたす恐れがあります。

とはいえ、日本で育種開発されている鶏種もあります。その一つである純和鶏には［図7］のような持続可能表示が付けられます。某社のものですが、会社の方に請われて鶏舎の視察に伺いました。均一ではなくさまざまな羽色の鶏が出てきているところが面白く、お肉にした時の味はよいとの評判です。農場の所在地である岩手県のある地域の農協と稲作農家が協力して飼料用米を作り、そのお米を鶏に食べさせています。少し話が広がりますが、日本では家畜の飼料はほぼアメリカ等の海外からの輸入に依存しています。その一方で、国内での米の消費量

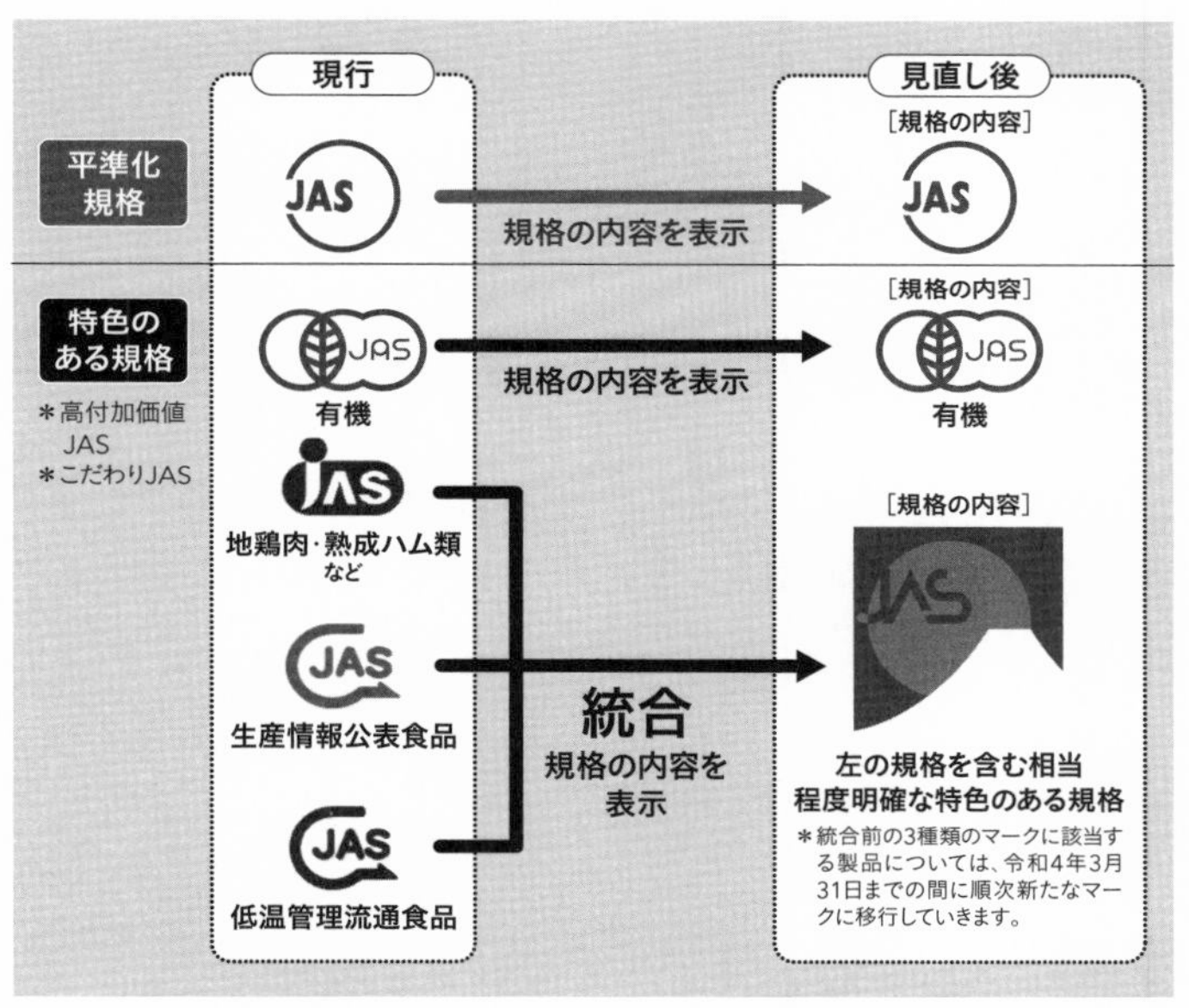

[図6] JAS（日本農林規格）による日本の食品表示

は減少する傾向にあります。お米を食べなくなると水田が必要なくなり放置されることになります。水田が耕作されなくなると、そのまま耕作放棄地となり、荒れてしまいます。水田があることで生物の多様性が維持されます。水を貯める力によって水害を防いだり、また水田があることによる美しい田園風景や農村の文化を保全してきた歴史もあります。

このように農業は単に食料を生産するだけではなく、さまざまな機能を持っています。そのことを「農業の多面的機能」と言います。家畜に食べさせる飼料用米を生産することで水田を維持すれば、地域の持続可能な農業生産に貢献できます。このような取組みは、農畜産業の耕種部門と畜産部門とが連携することから「耕畜連携」と言います。

持続可能性に配慮した鶏肉の特色JAS認証の条件は

①国産鶏種
②飼料米給餌（自給率UP）
③鶏糞リサイクル（循環型活用）

［図7］①②③の条件を満たす純和鶏の鶏肉に付けられる持続可能表示。

今後、鶏肉や豚肉を買われる場合は、何を食べて育っているのかを、ぜひ意識して売り場の表示を確認してみるとよいと思います。

皆さんにベジタリアンになってほしいとは言いません。私自身も違うし、美味しいお肉は好きです。ただ、食肉の作られ方と食べ方については考えていきたいし、飼料用米を食べている家畜やその生産者を持続的に応援する方法をさぐっていきたいとも思います。

豚に関する動物福祉の論点

豚が走っている様子を見ることは、ほとんどないかと思います。2000年代初頭ですが、イギリスの放牧養豚農場の農場経営者を日本に招待し講演してもらったことがあります。その後、現地を訪問し、子豚が走っている様子に感動しました。現在では日本でも放牧養豚に取り組まれている生産者もいます。とはいえ母豚は、クレートという仕切られたケージ飼育が主流です。クレート飼育では品種改良で大きくなった母豚が出産した子豚を踏みつけないように、管理しやすいように、妊娠している雌豚を1頭ずつに仕切られたケージに入れています。他にも、飼育のためと豚の尻尾を切ったり、歯を切ったりしてきました。ヨーロッパでは、このような飼育はすでに禁止されています。豚が少し大きくなると自由に育てられるようになりました。

もう一つ、大きな問題は肉質がオスとメスでは違うことです。一般的にオス子豚は生まれて数日中に去勢をします。そうすることで、成熟して食肉として利用するときの獣臭をなくすというのです。その去勢の方法が麻酔もせずに行われるというので、かなり問題になって、ヨーロッパでは必ず麻酔をするか、去勢はしないかに変わっているようです。もともと畜産物の消費が多いこともあり、肉の匂いの受け止め方の違いもあると思います。

日本では去勢については、なかなか止める方向にはなりません。

宮沢賢治（1896-1933）の『フランドン農学校の豚』という物語があります［写真12］。豚が人間のように書かれていて、非常に興味深い作品です。紆余曲折あって、豚はやっぱりお肉になってしまうのですが、日本でも家畜のことをこんなふうに考えて、憂いていた人がいたのだなと感動しています。子どもの頃に読んだのですが、改めて目を通してみると、とても良いお話です。『フランドン農学校の豚』は青空文庫に入っていて、短編なのでぜひ読んでみてください。

賢治とみすゞ、同時代を生きた作家の視点

少し、視点を変えて考えてみたいと思います。宮沢賢治は花巻農学校（現岩手大学農学部）の先

生でした。ですからこの本には飼育の様子が克明に記されています。豚が太るまではよく面倒を見るというのは動物福祉の考え方に近いような気がしますが、賢治はベジタリアンであったので家畜を食肉として利用することには抵抗があったのでしょう。

宮沢賢治と同時代を生きた詩人、金子みすゞ（1903−1930）の詩にも動物福祉的な要素があるように思います。そのことを発見してとても心が躍りました。動物愛護の方が近いのかもしれませんが、金子みすゞは、「私と小鳥と鈴と」の「……みんな違ってみんないい」という一節でもよく知られています。ダイバーシティの視点をもった現代にも通じる女性だったと思います。古くから知られている童謡では、岩波文庫の日本童謡

［写真12］すでに動物福祉について深く考えていた宮沢賢治。その『フランドン農学校の豚』の表紙。下は金子みすゞ記念館。

集にも収録されている「大漁」があります。歌詞には「大漁だ。浜はまつりのようだけど、海のなかでは何万の鰮（いわし）のとむらいするだろう」と綴られています。「おさかな」と題した詩では、「海のお魚はかわいそう。お米は人に作られ、牛は牧場で飼われ、こいは池でふをもらう」。ところが海のお魚はなんにも誰の世話にもならないのに「こうしてわたしに食べられる。ほんとにかわいそう」と綴るのです。

魚の福祉については、日本はもともと海に囲まれていて天然の海産物に恵まれているからでしょうか、それほど関心を持たれてこなかったのですが、最近は持続可能な水産についての認証マークも見かけるようになりました。さらに海外では養殖魚の有機基準などもあります。金子みすゞは漁業の盛んだった山口県仙崎の生まれなので、魚や鯨にまつわる詩も多くあります。その点からも鋭い感性を持っていたのだと思います。ほかにも「町の馬」では、叱られながら魚を運ぶ哀しい馬の様子が綴られています。みすゞの26歳という短い生涯に思いを馳せると、複雑な気持ちになります。本当に感情の豊かな、そして繊細な優しい女性だったのでしょう。ぜひ一度、動物福祉の視点から詩を味わってみてください。

また、なぜか宮沢賢治と金子みすゞが同時代を生きたことにも不思議な感情が湧いてきます。

乳牛の9割は繋ぎ飼い

乳牛の場合も、1頭がミルクをたくさん出せるように品種改良が進みました。現在日本で飼育されている乳牛は、品種は白に黒の斑が入っているホルスタインが主流です。1960年は1頭あたりの年間乳量は4121kgでした。それが最近では8000kgを超えています。中には1万kgを出す母牛もいます。たくさんミルクを出すように改良が進んだ結果です。たくさんミルクを出すと、牛は疲れてしまいます。乳房炎にもかかりやすくなります。自分の乳房の重みに耐えられないという問題も出てきます。

乳牛は牧場で自由にのんびりと牧草をはんでいる。乳牛は牧場で放牧されているイメージがあるかもしれません。じつは、9割以上が繋ぎ飼い（スタンチョン：鉄のパイプを曲げて作った繋留する大きな道具、ロープで繋留するタイストールの両方がある）です。放牧認証を受ける生産者もおり、そのような飼育方法をとった放牧生産者認証牛乳や有機牛乳等も少量ではありますが、販売されています。

東京都内でも、牛をつながずに畜舎の中を自由に動き回ることができるフリーバーンで飼っている牧場があります。また最近では、牛が搾乳ロボットでミルクを絞ってもらうため、フリーバーンで飼育している牧場もあります。近代的なロボットと自由な行動の組合せというのは、矛盾しているようにも思えるのですが、牛が搾乳を望むタイミングでロボットに入るので、繋いでいては成り立ちません。

投資によるアニマルウェルフェアの取組み

グローバル化する社会では、投資によってアニマルウェルフェアの問題を解決しようという活動もあります。やはりイギリス発なのですが、2012年に動物福祉評価比較指標BBFAW（Business Benchmark on Farm Animal Welfare）という新しい取組みが登場しています。ESG投資の一環と見ることもできます。動物福祉への取組みを、とくに企業の経営方針に組み込まれているかどうかが評価の対象になっているところが重要です。じつは、このBBFAWには、先に記したイギリスの動物福祉団体のCIWFがその指標作成に関わっています。CIWFは、2001年から2022年までイギリスのスーパーマーケットのアニマルウェルフェア達成状況を調査し、その結果を市民に公表していました。初期の頃の調査では、「あなたのスーパーはいつケージ卵の取り扱いをやめますか」などのように、大胆な質問があって驚きました。この調査が、イギリスのスーパーでの畜産の取扱いを劇的に増大させるほど大きな力となったとされています。その時の質問が、BBFAWでも役に立っているのです。

日本でも多国籍食品企業のイオン、７＆Ｉホールディングス、日本ハム、明治ホールディングス、マルハニチロが評価されています。まだ評価はそれほど高くないのですが、この評価を受けることで企業も変わってきていると実感します。日本ハムなどもアニマルウェルフェアポリシーを公表するようになりました。

コロナ禍以前の２０１９年の夏に、このＢＢＦＡＷの代表を現在私が代表を務めているＡＷＦＣＪ（Animal Welfare Food Community Japan）で招待し、講演いただいたことがあります。代表のニッキー氏は女性で、とても気さくな方でした。また、評価対象に入った企業は当初は評価が低いことがよくあり、多くは年々改善される傾向にあるとも語っていらっしゃいました。

ＢＢＦＡＷからも高く評価されているイギリスの高級スーパーWaitroseは確かにすばらしく、たとえば「私たちの豚はすべて屋外で生まれています」と宣言しています。自然分娩であるとか、放牧されている鶏からの卵であるとか、チキンは高い動物福祉の基準のもとで扱われていますと語るWaitroseは、イギリスの高級店で国王チャールズのブランドも持っています。チャールズ国王の農場は有機農畜産業を実践しています。アニマルウェルフェア先進国イギリスならではの取組みが進んでいます。

そうは言っても、ＢＢＦＡＷは大手企業を評価するものです。私個人としては、欧米に比較して日本では小規模畜産農業を営む多くの生産者の経営を支援するような視点や取組みが必要ではないかとも考えています。世界は大きく変わっていることは事実です。とくにEUは、ヨーロッパ大陸に多くの国が存在するので、持続可能な地球環境をめざすには、一国だけではなくEU共通で全体として行動することが重要だと考えています。食料農業政策にしても然りです。ヨーロッパ全体では気候変動に対応する欧州グリーンディール政策の食料農業政策「農場から食卓まで（From Farm to Fork）」を公表しています。そのなかでは畜産等で使用される抗菌剤の50％削減の目標を掲げています。

農薬の使用も控えるなど、もっと農業のありかたそのものを変えていかなければ持続可能とはならないと、2030年には農薬や化学肥料を使用せずに農業生産を行う有機農地を全耕地の25％にしようと力を入れています。当然、アニマルウェルフェアに配慮した有機畜産も増加することでしょう。

すでに述べたように2027年にはすべての家畜をケージフリーにするEnd the Cage Age（欧州市民イニシアティブ）も採択されました。少し先行き不透明のところもありますが、市民がさらなる動物福祉の推進を望んでいることに間違いはありません。これからさらにヨーロッパの動物福祉は進んでいくものと考えられます。

日本の有機酪農のこれからを思う

日本の例を一つ挙げます。北海道の津別町では、2006年に明治Meijiのオーガニック牛乳が牛乳生産で国内初の有機認証を取得しています。有機酪農は必ずしも周年放牧を行うものではないのですが、冬季期間も含めて毎日牛を屋外で運動させるなどの飼育方法を採用しています。乳牛に与える飼料も農薬や化学肥料、そして遺伝子組み換えでないものを与えています。地元だけでなく、地域で有機飼料をできるだけ自給生産できるような仕組みを作る努力をしています。これも耕畜連携です。

そしてこの牛乳を週1回、町内の学校給食でも提供しています。未来を担う子どもたちのために、学校給食に良いものを出すのは大変素晴らしいことだと思います。学校給食はできる限り有機（オーガニック）で、もちろん畜産物に関してはアニマルウェルフェアに配慮しているものであってほしいと考えます。

東京都の給食の食材は調味料なども含めてすべて国産であると聞いています。素晴らしいと思います。海外産である輸入品がすべて悪いわけではないのですが、国産の方が、生産者と食べる人の距離が近いので、生産や製造方法を確認しやすくなります。また食料自給率の向上にもつながります。子ども達に農畜産業を伝えるいい機会にもなります。食農教育の実践につながります。

学生にも、日々の講義やゼミでどうしたら日本でアニマルウェルフェアや有機農業が広がってゆくだろうかと毎年問うてきました。以前は決まってマスコミやＳＮＳなどで広めればいいなどの返事でしたが、最近は学校教育にもっと取り入れるべきという意見が増え、私も嬉しく感じています。食料は私たちが暮らしていく上で欠かせないものです。その食べ物が安全で安心できることはとても重要です。そして畜産物を提供してくれる動物が健康でいてくれることは、私たちの健康につながり、環境の健康にもつながります。それが、One Health（健康は一つ）ということです。人も家畜も、そして全ての動物が健康で生きられる社会は、きっと暮らしやすい社会ではないかと思います。

研究面での課題もあります。バタリーケージで生産された卵と放牧で生産された卵の栄養価に違いがあるのか、また食肉についても成分に違いがあるのでしょうか。これまで、そのような研究成果はあまり出されていません。そこで現在、日獣大の若手の先生にお願いして卵と鶏肉の飼育方法の違いによる成分分析を進めてもらっているところですが、このような研究が進んで違いが発見できれば、アニマルウェルフェアの良さを実感していただけると思います。高齢化社会で健康に良い食べ物の価値はより高まっているものと思います。より良い未来のため、食べ物からのアプローチも必要となるでしょう。

Part. II

シェルターメディスンをつくる
多くのいのちのためにできること

田中亜紀（たなか・あき）

日本獣医生命科学大学 獣医学部
獣医学科 野生動物学研究室 特任教授

—— I章 ——

なぜシェルターはなくならないのか

シェルターに特化した獣医療を学ぶ

「シェルターメディスン」は、獣医学における新しい研究分野として日本に導入されつつあります。

私は2002年からカリフォルニア大学デービス校という、獣医学部が有名な大学に通っていました。そこでシェルターメディスンと出会い、研究者として2019年まで17年間滞在しましたので、カリフォルニアのシェルターの話が多くなってしまうこと、ご了承ください［写真1］。

獣医学というと、皆さんはどういうことを思い浮かべるでしょう。動物病院の先生による外

［写真1］カリフォルニア州のサクラメント市にある民間施設Sacramento SPCA（Society for the Prevention of Cruelty to Animals）塀には寄付者一覧が刻まれている。

科とか内科のことでしょうか。それだけではなく、牛肉や鶏卵など動物に関わる食品の安全管理も、獣医師の重要な仕事です。そこに「シェルターメディスン」という新しい獣医学が加わり、アメリカでは科学として、学問として発展してきました。

私がアメリカで学び始めた20年ほど前、さまざまな動物がシェルター（行政および民間の避難施設）に来ていました。そこで1年間で300万から400万頭もの動物たちが、殺処分いわゆる安楽死をさせられていたのです。当時のアメリカの獣医療は、人の医療に匹敵するほどの最先端にありました。人間の伴侶動物（ペット）である犬や猫に対して、腎移植や最先端の抗がん剤治療などの高度医療も施されていました。その一方で、犬や猫が死んでしまう原因としてもっとも多いのが、いわゆる飼い主の飼育放棄による、シェルターでの安楽死でした。飼い主に捨てられ、シェルターに送られて処分される。それが伴侶動物の死亡原因の一番だったのです。高度医療が必要な病気のせいではありませんでした。

シェルターにいる多くの動物たちを無視していては、犬や猫全体の福祉は向上しないことが、獣医科大学の研究教育現場でも認知されることとなり、シェルターに特化した獣医療として「シェルターメディスン」という獣医学が生まれました。シェルターメディスンの導入前と導入されて約20年を経た現在では、状況はまったく異なります。現在のカリフォルニアのシェルターは、かつての処分施設から譲渡する施設に変わっています。週末に家族が集まる娯楽施設のように、とても明るいイメージです。

シェルターに来る動物とシェルターの役割

シェルターに来る動物たちは、何らかの問題をかかえています。その問題を解決しなければ、シェルターの動物たちは幸せになれません。その問題や原因は、時代とともに変化します。以前はアメリカも日本も、野良犬や野良猫などが非常に多くいました。現在、アメリカでは一部の地域を除いて、野良犬や野良猫という社会化されていない動物たちはほとんどいません。そうであるにもかかわらず、シェルターはなくなりません。それは、なぜか。ペットに関する問題があり続けているからです。

ではシェルターの定義を明らかにすることから始めましょう。日本にそもそもシェルターがあるのか、とよく聞かれますが、あります。日本のシェルターは、次のように分類することができます。

①民間の保護施設
②保健所

③行政の動物愛護センターや動物管理センター

①は飼い主がいなくなってしまった動物たちが集まる施設であり、民間団体による施設が含まれます。市町村単位では、②の保健所があります。また、すべての都道府県ではありませんが、ほとんどの中核都市に③にあげた動物愛護センターなどがあります。

これらのシェルターは、さまざまな境遇の動物たちが集まることから、とても感情移入されやすい場所でもあります。人間というのは、感情的な判断に流されがちです。人間である私もそんな一面を持っていますが、獣医師であり大学教員でもありますから、科学の話をしなければなりません。科学的、獣医学的に考えてのシェルターメディスン、シェルターの役割とは何なのかを追究していきます。

シェルターの役割——①地域や人の安全を守ること

シェルターがなぜ存在し続けるのか、まずはその存在意義を追ってみましょう。

たとえば「かわいそうだから、ぜひもらってもらいたい」と、攻撃性が強い動物を譲渡することは危険です。元気いっぱいの若い大型犬を高齢者に譲渡するのもよくありません。

感染症の問題もあります。動物が重度の感染症に罹患しているにもかかわらず、譲渡して地域に感染を広げることになってはいけません。シェルターの役割は、第一に人の安全や公衆衛生を守ることです。それを前提に、適材適所の譲渡を進める義務があります。

動物虐待を受けた被虐待動物たちの受け皿としてのシェルターの役割は大きなものです。また災害時に、ペットが飼い主といっしょに避難できない場合もあります。私は犬猫あわせて4頭の動物を飼っていますが、いつも一緒にいるわけではないので、同行避難の準備はしていますが、もし仕事中に災害が発生した場合には同行避難は無理です。準備をしていてもできない場合があります。災害時に、飼い主といっしょではないペットを保護することもシェルターの大きな役割です［写真2］。

伴侶動物すなわちペットという飼い主にとっての家族は、通常の獣医療においては「個体管理」とされます。我が家の犬たちは私の個体管理のもとにあると言えます。家族の一員なので、病気になれば動物病院へ連れていきます。獣医科大学で教えている小動物臨床は、飼い主さんが病気になった動物を動物病院に連れて来て治療することであり、「個体管理」に対応する獣医療です。

一方で、シェルターにはペットであるはずの犬猫がたくさん収容されています。元の飼い主のもとに戻ることができたり、すぐに譲渡が決ったりする動物ばかりではありません。多ければば数百頭にのぼる動物たちがシェルターに収容されています。すると、家庭で飼われている場合とは異なるさまざまなストレスによって、病気が発生しやすくなります。シェルターでは、感染症であったり、異常行動であったり、他にもいろんな問題が生じやすいのです。同じ犬猫であっても、個体管理されていたペットとは飼養環境や管理が異なるため、同じような治療をしていても治らない場合も多々あります。

［写真2］動物収容車（上）と災害対策車としてのトレーラーの中には、えさやケージなどが入っている。

シェルターの役割——②シェルター内の動物福祉を守ること

動物の「群管理」に対応する獣医療と定義されるシェルターメディスンは、「個体管理」の動物に対応する獣医学とは別分野と位置づけられています。アメリカの獣医学部ではすでに、シェルターメディスンは必修科目としてカリキュラムに入っており、臨床実習も実施しています。

シェルターメディスンの役割は、シェルター内の動物福祉を守ることでもあります。シェルターならではの群管理のもとで、適正な集団飼養が行われなければなりません。

シェルターの収容能力には、必ず限界があります。獣医師がいて、スタッフが完備されて、広い施設であっても、動物の健康と福祉を保ちながら収容できる最大の頭数に限度があります。それ以上の収容をしてしまうと、キャパシティーオーバーとなり、最近よく報じられる多頭飼育崩壊の状態に陥りかねません。

群管理の方法、シェルターの収容能力、環境の整備、ボランティアとの関わりなど多面的なアプローチを考慮したうえでの収容こそが、動物福祉を守ることへの第一歩であると考えます。

目標は、次なる幸せな暮らしを見つけること

アメリカでもそうですが、シェルターに来る動物の多くは子猫です。行政による報告では、8割ほどが子猫だとされています。望まれない繁殖によって、シェルターに来る子猫がたくさんいるのです。

たくさんの子猫が来てしまっても、それぞれの施設から適材適所の新しい飼い主に譲渡できるシステムが整っていれば、何の問題もないではないかと思われるかもしれません。ところが、シェルター特有の問題があります。シェルターには、子猫にとって負担となる家庭とは異なるストレスがあります。最初はすごくかわいい子猫でも、シェルターに入って1週間から2週間すると、風邪を引き始めることが多いのです。風邪を引いてしまうと、譲渡できなくなってしまい、ずっとシェルターにいることになります。あるいは、風邪が長引いて命を落とすこともあります。

シェルターでは、元気な子で性格の良い子は早速に譲渡を進めます。シェルターに来た当初はおとなしく良い子だったのに、問題行動が発現する、あるいは譲渡のチャンスをつくれなかった等の理由で譲渡できなくなることを避けなければなりません。現在は、こうした事態への科学的な対処方法も進み、かなり改善されてきていることも事実です。

シェルターメディスンの目的は、問題をかかえた動物たちが来る地域のシェルターそれぞれの動物福祉を、科学的なアプローチによって向上させることです。もちろんそうするには、市民の方々の理解や協力が欠かせないことは言うまでもありません。

2章 シェルターならではの獣医療の難しさ

シェルターメディスンの歩みとその活動

シェルターメディスンは、カリフォルニア大学デービス校から始まった新しい獣医学的な学問分野です。それまで獣医行動学が新しい分野だったのですが、その次に登場した分野です。現在はシェルターメディスンの専門医もいます。

先にも述べたように、同じ犬や猫であるのに、家庭での状態とシェルターでの状態が大きく違っています。シェルターにおける殺処分があまりに多い実態を何とかしようと、そして、シェルター内の動物福祉を向上させようと科学的な研究をかさね、確立されたのがシェルターメディスンです。

1868年にサンフランシスコ市に誕生した「サンフランシスコSPCA」（SPCA：Society for the Prevention of Cruelty to Animals）という大きなシェルターがあります。ここの創始者は資産家であり、関係する財団はシェルターメディスンの発展のためにと、カリフォルニア大学デービス校に寄付講座を開設してもいます。シェルターを造るだけではなく、研究や教育が大切だというこの財団の意識が、シェルターメディスンの発展に寄与し、いまや大学の必須科目となっているのです。

日本では、シェルターメディスンの普及は始まったばかりです。私は大学で教えるだけでなく、シェルターメディスンの普及のために主に全国自治体などへの講演活動もしています。日本で初めて訪れたのは、新潟県の動物愛護センターでした。とても熱心に聞いてくださる獣医師がいて、嬉しいことに日本で最初にシェルターメディスンを導入して下さいました。

これからの獣医師には地域医療の視点を

シェルターメディスンの対象はシェルターに収容された動物であり、もしかしたら明日シェルターに来るかもしれない、地域全体の問題を抱えた動物です。根本的な問題解決には、明日あるいは来週または来月に来るかもしれない地域のシェルター予備軍へも何らかの対処をしなければならないと考えます。

私たち獣医師は、飼い主のいるペットに対する診察だけでなく、地域の動物問題に対しても、目を向ける必要があります。地域の問題解決の一翼を担い、シェルターに来る動物が少なくなる努力をしなければなりません。もちろん、シェルターが引取りを拒否すればよいわけでもありません。殺処分をしたくないからと、引取りを拒むシェルターもありますが、それは地域の動物の問題を放置することであり、根本的な解決ではありません。

シェルターメディスンは、地域の動物の課題にも目を向ける医療であり、人と動物の絆を守る医療、家を失った動物へ第2の生を提供する医療、コミュニティメディスン、地域医療とも言われています［写真3］。

飼い主を失った犬にみられる分離不安症

どんなに設備が整ったシェルターであっても、飼い主である家族といっしょに暮らしていた犬や猫にとってはストレスの多い場所に違いありません。たとえば家族と別れた「分離不安」は非常に大きなストレスです。

［写真3］カリフォルニア州ローズビル市のプラサーSPCAの猫舎（プレイルーム）。
6畳程度の部屋に4頭の猫が飼育されていて、譲渡希望者は中に入って遊ぶこともできる。

シェルターから譲渡された犬には、全般的に多く見られる症状です。人と離れるストレス、人でいう見捨てられる恐怖がとても強い病気です。私もラブラドールを譲渡してもらったことがありますが、かなり強い分離不安がありました。

ある日、交通事故による急患でシェルターに運ばれてきたラブラドールは、股関節が折れていることがわかりました。シェルターでは、股関節の手術というような大掛かりな治療はしません。治療できないと安楽死になってしまうので、そのときデービス校の大学院生だった私は「私が預かってみます」と言って、けがをしたラブラドールを連れ帰りました。そしてまず、大学病院を受診し、骨折を治しました。それまでラブラドールは動けなかったので気づかなかったのですが、ある日動けるようになって、この子がかなりの分離不安症であることに気づかされました。

ある日のこと、私が外出する際に、家の中に犬を入れていたはずなのに、私が家に戻ると庭に出ているではありませんか！　どうしたのかと玄関を開けてみると、カーペットは剥がれ、ブラインドもぐちゃぐちゃ、窓ガラスも割られていました。そのようにして外に出ていたのです。典型的な分離不安のパニック症状です。

それから2、3か月のあいだ、ずっと分離不安症が続きました。アドバイザーや専門医からアドバイスをいただきながら治療に努めました。治る病気なのですが、飼い主の忍耐と負担はとても大きくて、それを理由にまた手放してしまうケースもあります。その気持ちがわからないではありません。

そうこうするうち最近、私の研究室の学生が虐待を受けていたラブラドールを預かりました。そのラブラドールはすでに4回捨てられ、そのつど飼い主が代わっているので、かなり重度の分離不安をかかえています。私の経験を学生に伝えながら、少しずつ治療に当たっています。

ラブラドールは盲導犬になれるほどですから、人を慕い、人に仕えることができる犬種です。そのような動物にとって、捨てられることはかなりの心理的トラウマになります。飼育放棄はれっきとした動物虐待なのだと思います。

シェルターだから、感染症も広まりやすい

知らない所、知らない人のもとへ行かされることは、犬にとっても猫にとっても大きなストレスとなります。いつものご飯と違う、ベッドも違う。その場所がいやでも逃げられません。シェルターに収容された動物にとって、どうしても避けられないストレスがあります。猫や犬がシェルターで起こすいろいろな問題は、風邪をひく、下痢になる、真菌症（皮膚糸状菌症）という病気にかかる、問題行動を起こす、吠え始めるなどがあります。これらのほとんどが、シェルター特有のストレスによることがわかっています。

シェルターに来て鼻水をたらし始め、眼が真っ赤になっている。ならば、お薬をあげましょう、獣医師を呼んで目薬をさしましょうと考えるかもしれません。しかし、薬物治療だけでは治りません。なぜなら、根本原因がストレスなのですから。シェルターでは、個人の家の場合に比べて病気になるリスクがかなり高くなります。そこを理解したうえで、お世話や治療をしていかなければ治る病気も治りません。

シェルターは、動物の出入りの多い場所です。過密になりやすく、子猫、高齢の犬、元気まんまんの犬も来ます。いろいろな年齢、さまざまな状態の動物が同居する空間では、病気にかかりやすくもなります。同じ病原体（病気を起こす微生物）にさらされても、病気になる子とな

らない子がいますが、家庭にいて発症しなくとも、シェルターにいると同じ病原体でも病気になってしまうことがあります。その典型的な例が猫風邪であり、真菌症なのです。

普通に元気で食事ができていて、ストレスがなければ、そう簡単に風邪をひいたりしません。シェルターのような環境では風邪をひきやすく、人の方もシェルターだからしかたない、当り前だと環境に慣れ過ぎてしまいがちです。そして、改善もしなくなってしまいます。でも、そんなことはありません。猫風邪などは治せる病気であり、防げるものです。

シェルターには「群管理」ならではの難しさがある

シェルターに関わるようになると、シェルターメディスンの専門医がしていることが動物病院の獣医師とは違うことに気づかされます。

いわゆる個体管理のもとにある一般の動物、たとえば我が家のブルドッグが鼻水をたらして風邪をひいたようであれば、動物病院の先生のところへ連れて行き診てもらいます。ワクチンの打ち方ひとつにしても、ペットとして飼育されている動物ならではの管理状態を考慮して実施されます。ところが、シェルターにいる動物たちには治療費を出してくれるような飼い主がいません。病気になる原因も違いますから、獣医師による治療方法も目標も異なります。

シェルターでの群管理の目標は、この子だけを元気にして、この子だけが幸せになればいいというのではありません。あくまでシェルター全体の幸せを考え、まずは病気にならない予防に注力します。

治療や投薬は、猫や犬にとってはいやなことです。痛くもあるでしょう。人間と違って「少し我慢すればよくなるよ」という言葉が通じません。家庭で飼われているペットであれば、獣医師は「きょうは家に帰ったら甘やかしてあげて、おいしいご飯をたくさんあげてください」と、飼い主に言えます。しかし、シェルターにいる猫は、帰るところが再びストレスの大きい場所なのです。家にいる猫と同じ治療をしても治りません。もっと根本的な解決が必要になります。要するに、シェルターにいるたくさんの動物たちを守る方法と、家庭のペットの治療の方法は異なるのです。

同様に、個体の重篤度と群の重篤度は違います。たとえば交通事故で骨折や命の危険があるかもしれない場合、その個体にとっての重篤度が高いと言えます。しかし、他の動物に感染するわけではないので、群に対する重篤度は低いと見なされます。一方、真菌症は円形脱毛症になる皮膚の病気ですが、この病気で死ぬ猫はいません。しかしシェルターのような環境では、とくに真菌症のような感染しやすい病気はたちまち広まってしまいかねません。人にも感染するので、譲渡ができにくくなり、公衆衛生上の観点から安楽死が選択されることもあり、重篤度が高いと判断されます。
シェルターにおけるボランティアの存在や市民の方々の力は、動物たちの健康管理には必須です。シェルターでの健康管理は群管理であるので、つねに全体的なアプローチが求められます。そのことを念頭にシェルターワークをすることが重要です。

収容環境の改善が、動物たちを病気から護る

アメリカの行政のシェルターを対象に行われた、猫の収容環境と風邪の発生状況の違いの調査によると、風邪の発生率がもっとも高かったシェルターは、動物の収容に問題があったことがわかりました。調べてみると、このシェルターでは来た順番に動物を部屋に入れていました。猫も犬もただ来た順番なので、同じ部屋に入っていることもあります。これは、特に猫にとっては大きなストレスとなります。

一見すると広く清潔なステンレスケージを設えたシェルターであっても、猫にとっては良い環境とはいえません。猫は反射を嫌い、ピカピカしているところをいやがります。暴露されていることも嫌います。隠れられる場所が必要です。ピカピカしていて隠れ場所もないようなシェルターは、ケージ自体は大きく、トイレと食事の場所が別々になっていても、病気の発生率は

［写真4］プラサーSPCAの猫舎。ケージとケージの間にはまるく開いている部分があり、猫は自由に行き来できる。1頭のスペースは上半分の6区画。

3割から4割と高くなっているのです。

ほとんどの動物が風邪をひかず、発症は1割未満に留まっているようなシェルターでは、動物たちは全体的に元気で、どんどん譲渡されていきます。何が違うのか。ケージ自体は古くとも、ケージとケージの間に穴が開いており、猫は穴を通って、両方のケージを行き来できます［写真4］。ケージには部分的にタオルがかけられ、プライバシーも守られています。テカテカもしていません。いまはこのように2区画収容という仕様のケージで、猫をケアしようというのが一般的になっています。すると猫を触らずに、掃除や世話もできますので、人を介しての感染も避けられます。

こうした形のシェルターでは、猫風邪の発生がほとんどないこともわかりました。研究の結果、私たちは、猫の病気は収容環境によるのだと理解しました。いままでは、かわいそうだからこうしよう、なんとなく良さそうだからと判断することが多かったのですが、そうではなく、いまではさまざまな研究による科学的な成果がもたらされています。

シェルターメディスンというのは、総合医療です。獣医学の各分野が交わって関わり合った獣医療と言えます。たとえば、どうして病気になってしまうのか、私は疫学が専門なのでその観点から分析します。動物行動学および施設の設計や栄養学からの分析も重要です。

3章 シェルターメディスン、変革の歩み

動物と人がともに暮らす喜びを広げたい

「殺処分」という言葉は、非常に悪い印象を与えるものです。現在のシェルターで殺処分をしているようなところはありません。あくまでも、獣医療に基づく安楽死です。しかし、獣医師の判断による安楽死さえも理解されないことがあり、難しい問題です。

2019年に動物愛護法が改正されて、2020年には動物虐待に対する厳罰化が施行されています。警察の対応も強化されているので、以前よりも虐待件数が増えているように思えるのですが、実際は検挙率が上がっているのではないかと私はとらえています。人間による動物

虐待が原因で飼い主を失い、シェルターに運ばれて来る動物が多くなることは、とても残念なことです。

多頭飼育崩壊という言葉もよく耳にするようになりました。「何頭からが多頭飼育崩壊になるのですか?」といった質問がよくあります。頭数の問題ではありません。1頭でも2頭でも適正な飼養ができていなければ、それは崩壊です。ちゃんとケアができているなら、100頭でも問題ありません。

シェルターに保護された動物の譲渡については、広報や市民への周知が重要となります。多くの希望者から、譲渡された動物たちが正しく飼養され、ともに暮らす幸せや楽しさがもっともっと社会に広がっていってほしいと願っています。それがシェルターメディスンのめざすところです。

アメリカの民間シェルターの貢献

私が長く滞在したカリフォルニアのシェルターについて話します。

「アメリカと日本の状況は違うのに、アメリカ生まれのシェルターメディスンが日本に当てはまるのですか」と言う方がいますが、アメリカの状況は日本とよく似ています。とくにカリフォルニアはアジア系の人が多く、メンタリティも日本人と共通する部分もあると思います。また、シェルターメディスンとはあくまで獣医療であり、科学ですので普遍的です。

カリフォルニア州では行政のシェルターがメインです。郡のシェルターがあり、次いで市のシェルターがあります。これらとは別に民間のシェルターもあります。日本でも同様かと思います。施設を持たずに家庭で預かる人たちの団体もあって、ラブラドールレスキュー、柴犬レスキューなどがあり、こうした動物愛護団体も多様です。

もう一つ、ノーキル（no kill）シェルターがあります。譲渡できないからとの理由で安楽死を実施することはありませんというものです。先ほど紹介したサンフランシスコＳＰＣＡは、殺処分をしないことで非常に注目を浴びました。このシェルターは、大きな財団が運営をしており、ボランティアも３００人以上います。殺処分をしないとはどういうことかというと、まずは収容制限を厳しくします。たとえば私が「さっき道で犬を拾ったので預かって」と言っても、引き取ってはくれません。サンフランシスコＳＰＣＡのスタッフが別のシェルターを回って、この子なら手当てすれば譲渡されるだろうという動物を選んできます。明らかに安楽死されるだろうという動物を連れてくることはないわけです。まさに、良いとこ取りのようですが、民間のシェルターですからそれでもいいわけです。豊富な財源のもと、したいようにしているのも良いかと思います。

その結果どうなったかというと、シェルターの印象が非常に良くなりました。それまでシェルターというと、かわいそうで、暗くて狭く、じめじめしている。ワンワンうるさくて、行くと悲しくなる場所だったのです。ところが、このシェルターにいるのは譲渡可能な動物だけ、みな元気でかわいい。シェルターの造りも明るく、海外からのツアーが組まれるほどの観光名所になっています。

見に来るだけの人もたくさんいます。こうした明るいイメージのシェルターが出来たおかげで、シェルターのイメージが向上しました［写真5］。それまでアメリカではシェルターからの動物の譲渡は主流ではなかったのですが、カリフォルニアでは一般的となり、むしろステータスになったのです。人の意識、民意が変わってきたと言えます。

安楽死への抵抗が大きいカリフォルニア

とはいえ、サンフランシスコ市内に安楽死が必要となる動物がいないわけではありません。行政のシェルターでは安楽死が行われています。サンフランシスコＳＰＣＡの向かいに行政のシェルターがあって、安楽死が必要な動物が収容されています。行政のシェルターの役割は、日本の場合もほとんど同じです。狂犬病予防法により、ブリーダーの管理や立ち入り検査なども

［写真5］サクラメントSPCAの猫舎（部屋タイプ）

実施しています。最近では譲渡に努め、また見回りで捕獲して避妊手術をしてもとの居場所に戻すなど、ボランティアと連携した活動もしています。シェルターメディスンの専門医の雇用も増えています。シェルターメディスンの教育を受けた人材も増え、状況は良くなっています。

個人宅などを拠点にするレスキュー団体は、目が見えない動物も保護するなどの活動を行政のシェルターおよび民間のシェルターと連携して行い、地域の動物福祉に貢献しています。

もちろんアメリカのシェルターといっても、先進的なところばかりではありません。動物愛護団体からかなり非難されたシェルターもありました。また、動物に関わる根本的な問題は日本とほとんど変わりませんが、アメリカ人は安楽死や殺処分について平気ではありません。安楽死を容認するようなことを語ったりするだけで、脅迫の電話がかかって来るほどです。私の車のワイパーにも抗議文が挟まっていたくらい、カリフォルニアでも安楽死への抵抗感がかなり大きくあります。

シェルターをオープンな場にした最近15年の変革

カリフォルニア大学デービス校の近くのシェルターは、私が渡米した20年前にはどこもみな古く、臭くてうるさい、近づきたくない場所でした。それから15年ほどでだいぶ変わりました。行政のシェルターも明るくきれいになって、ペットショップのようです。災害時のために十分な備蓄ができるような施設になっています。開放的できれいになったシェルターでは、コンサートを開催するなどイベントも多く、ファーマーズマーケット、つまり日本の「道の駅」のような工夫もされています。

サクラメントより少し北にあるプラサー市には、市内にシェルターがありませんでした。市が民間に委託してプラサーSPCAという民間のシェルターができています。行政のシェルター的な役割もしているのですが、プラサー市は高級住宅街で、そもそもあまりシェルターに来るような動物が見られません。闘犬などに使われるピットブルという犬種がシェルターに来た場合は、すべて安楽死されていました。この高級住宅街にピットブルを飼いたいという人が現れないし、危険だという理由からです。とても性格の良いピットブルもたくさんいますが、危険性は否定できないと安楽死されていました。

「これ、ピットブルじゃないですか?」と問われると、プラサーSPCAの所長は「いや違う、アメリカン・スタフォードショア・テリアだ」と応えるのだとか。なるべく安楽死をさせないようにするためです。

犬舎から部屋へ、シェルターは地域に開かれた場所

大学の近くの民間のシェルター、プラサーSPCAでは、犬舎(ケンネルタイプ)のすべてのケージに、ベッドやおもちゃが用意されています。ボランティアもたくさんいます。大学が近いため、内科実習や外科実習などの一環として、学生が動物の管理や治療などを手伝い、うまく連携して譲渡につなげるように活動しています。

アメリカのシェルターの最近の傾向では、犬が犬舎ではなく部屋に入れられていることが多くなりました[写真6]。野良犬、野良猫はほとんどいなくなっているので、シェルターに来る

のはほぼすべてが飼育放棄の犬や猫であるといえます。犬舎のような空間に収容されると、そのほとんどは問題行動を起こし始めるようになります。そこで、また家庭に戻れることを願って、こうした部屋に入れ、人との暮らしのトレーニングをしながら管理をしているのです。

犬は社会性のある動物ですから、複数で部屋に入れた方が良いこともわかっています。ただし相性がありますので、必ずいっしょにというわけではありません。相性がよければ大型犬どうしでもいっしょの部屋にします。

犬が内と外を自由に出入りできたり、部屋から外を見たければ立ち上がり、見たくなければ座っていればいいように設計されたシェルターもあります。これらは、動物行動学上、精神衛生上、非常によいとされています。

日本もそうですが、シェルターに来てすぐに譲渡してもらえるわけではありません。もしかしたら飼い主がいて、捜しているのかもしれないので、一般非公開の時期があります。様子を見る時期でもありますが、その間も部屋におもちゃなどを置いてあげます。アメリカらしく外には広いドッグランもあって、充実しています。ボランティア、譲渡希望者と触れ合えるような場所もあります［写真7］。

プラサーSPCAの所長は、とにかく機敏性を身に着けるためのアジリティを好み、訓練の場を造っていました。譲渡後の犬と飼い主に来てもらって、訓練法を教えたりもしています。

［写真6］屋外併設型の犬舎。
基本は屋内だが、屋外に出られるようになっている。

［写真7］シェルターの犬たちの運動場。譲渡希望者と触れ合える場所もある。

シェルターは閉鎖的な所ではなく、誰でも気軽に入っていけて皆が使える設備が整った場になりました。もちろんルールはちゃんとありますが、譲渡希望者だけではなく、地域の方々も気軽に立ち寄れる場所になっています。

飼養環境の改善へ、シェルターの工夫

大学の研究室に近いこともあって、私はよくサクラメント市のシェルターに通っていました。もう20年も前ですが、そのシェルターでは8、9割の動物が処分されていました。私は研究材料となる猫の鼻水などを採取に行っていたのですが、あるとき夫といっしょに行きました。私の夫は獣医ですが、多くの殺処分が行われるシェルターの状況にかなりのショックを受けていました。その様子を見て、「これが普通の感覚だよね」と私は思いました。自分は日々シェルターに通っているうちに、少しずつ感覚がずれてきているのだとも感じました。

当時は、シェルターに来る動物はすぐに風邪をひいていました。そうなると譲渡ができず、滞在期間が長くなってしまいます。どうすればいいのかと大学に相談が寄せられていました。研究の結果、収容環境を変える以外に手はないと伝えました。

するとこのシェルターは一大決心をして、とりあえず猫の収容環境を変えようと、募金をし

て、ケージに段をつくったり、反射がないようにしたり、それぞれに換気扇を付け、おもちゃも各ケージにあるようにしました。相性の良い猫同士であれば、いっしょのケージにいることもあります。その結果、猫風邪はほぼゼロとなりました。予後不良の病気による安楽死だけという、以前の2、3割に激減しました。

動物のストレスを減らす工夫もしています。犬も猫も金属音がすごく嫌いです。こうした音がならないケージのドアは、アメリカでは10数年前から開発されています。また、サクラメントSPCAは以前からシャワーストールを猫のケージに使っていました［写真8］。シャワーストールは縦に長く、防水機能を備えています。1頭ずつを小さいケージに入れ

［写真8］サクラメントSPCAのシャワーストール型の猫舎

ていた収容方法も一新しました。各ケージに穴をあけ、1頭につき最低でも3区画を行き来できるような工夫をしています。上下自由に動けるように、6区画自由に行き来できるところもあります。

シェルターの飼養頭数はどんどん減り、1頭ずつのケアは向上しています。サクラメント市のシェルターでは、サクラメント・キングスという地元のバスケットボールチームや企業からの寄付も活用しています。スポーツチームも企業も自分たちの宣伝にもなり、同時に社会貢献にもなっているというわけです。

外側は行政の税金によりますが、中身の工夫はすべて寄付で賄われているとも聞いています。

譲渡希望者とのお見合いを成立させるプログラム

日本のシェルターでも、犬の収容頭数がだいぶ減ってきていることから、犬舎を猫用のプレイルームに替えたりしています。また譲渡希望者とのお見合いに向け、動物の社会化訓練などいろいろな試みに取り組み、一般公開する前の検疫中の猫についても、広く自由に動ける空間を作ってあげています。感染する真菌症については、日本でもアメリカのシェルターでも、厳格な隔離をして広がるのを防いでいます。

サクラメントの行政が管理するシェルターでは、猫カフェが設けられ、そこの所長から「日本のあなたたちのアイデアをもらいましたよ」と言われました［写真9］。日本のように、いろいろな約束事や注意事項が表示されています。

アメリカのシェルターが日本と異なるところと言えば、犬猫以外の小動物もたくさん収容しているところです。譲渡に際しては、どういう動物がどういう人に合っているのかをよく見て行動評価をします。シェルターに譲渡希望者が「犬をください」と来たとき、「どんな犬が欲しい？」と聞くのではなく、「まず、あなたの生活スタイルをお聞かせください」と言います。「どのくらいお留守にしますか？」とも問います。他にもさまざまな話をして、その人の生活スタイルにあった動物をマッチングをする「Meet your マッチングプログラム」が導入されています。犬種や色などで選ぶのではなく、自分に合った動物選びを推奨しています。

カリフォルニアは自然災害が多い土地でもあるため、その対策として往診車を持つシェルターが多くあります［写真10］。平常時には主に出張避妊手術に用いられています。飼い主に「あなたのペットの避妊手術をしますからシェルターに連れて来るように」と連絡しても応じない場合は、この往診車で出向くというわけです。

誰かが来るとけたたましく吠えるようでは、犬の譲渡率は向上しません。そこでどのシェルターでも、譲渡可能な犬に対してQuiteトレーニングをしています。譲渡希望者がシェルターに来

［写真9］シェルター内にある猫カフェ

ると、誰でも、収容犬にご飯やおやつをあげられるようにしています。「おすわりをして静かにしていれば、おやつをあげてください」と譲渡部屋に掲示しています。犬たちは、人が来ると「だれだれ!? ワンワン」と吠えるのではなく、静かに座っていると、ご飯やおやつをもらえるんだと学んでいきます。すると譲渡希望者にも評判が良くなるので、多くのシェルターで実施しています。

家族の一員であり、地域の一員であるために

動物を飼っている人にとっては、ペットは家族の一員です。しかし残念ながら、動物は地域の一員にはなっていません。たとえば災害

［写真10］往診車／TNR車（trap捕獲、neuter避妊去勢手術、returnもとの場所に戻す）

時に、避難所に動物を連れていこう、同行避難しようとしても「動物はダメ」と言う避難所がまだまだ多い状況です。動物は地域の一員ではない、社会の一員ではないからだと思います。

動物を飼っている人は、日本では約1～3割と言われ、過半数の人が飼っていません。すると動物に関する問題自体も、過半数の人にとって身近なことではありません。

動物を自然に受け入れられるような社会をめざしたいと思います。犬や猫を飼いたいと思ったとき、家族として自然に迎えられるようにしたいです。安易なことを言って、飼う人が増え、虐待されたらどうするのですかと言う人もいます。そうではありません。世の中から犯罪がなくならないように、虐待する人は一定数必ずいると思います。ただ、動物虐待を見過ごすような社会にはしたくありません。いまは見過ごされていることもあります。ほとんどの人が動物を飼っていないので、動物虐待があっても他人事なのかもしれません。

私の弟は、平均的な家庭ですが最近ようやく犬を飼いました。すると「動物虐待は犯罪なんだね、動物愛護法があること自体を知らなかった」と話しています。より多くの国民が動物との時間を楽しんでほしいと思います。動物がもっと私たちの身近な存在になる社会を心から願っています。

Part. III

ペットと共に生きる

人もペットも幸せな社会に

町屋 奈（まちや・ない）

公益社団法人 日本動物福祉協会

獣医師・調査員

――はじめに――　動物たちの生活の質の向上をめざして

私が所属する公益社団法人日本動物福祉協会（JAWS : Japan Animal Welfare Society）は1956年に日本動物愛護協会から独立して設立されました。当初から「日本の動物福祉の向上」をめざして活動を続けています。すでに70年近くになりますが、これまでの歩みについてはホームページ等でもご覧いただけます。

なかでも1990年代は、91年の雲仙普賢岳の大噴火、95年の阪神淡路大震災という大きな自然災害に見舞われました。つづいて2000年には新潟中越地震、2011年には東日本大地震が発生しました。このように相次ぐ大災害のたびに、JAWSは被災動物の救護活動にあたって来ました。また40年近く前から、「動物福祉は科学である」との観点から、私のような獣医師がJAWSの職員として代々勤務しています。

約10年前、私は、獣医師として動物病院に勤務していました。そのとき、病院にも連れてこられないような環境に置かれた動物たちのことが、ふと頭をよぎりました。そのような動物たちを助けたいとの思いが現職へのきっかけでした。タイミングよく、現職場から声をかけていただき、現在に至っています。

ＪＡＷＳでは、主に次の二つを柱に活動しています。

［1］不幸な動物を助ける活動
［2］不幸な動物をつくらないための活動

［1］についての具体的な活動は
①譲渡事業：新しい飼い主（里親）探し
②適正な飼育環境への取組み
③動物レスキュー
・多頭飼育崩壊およびアニマルホーダー（劣悪多頭飼育者）への対応
・動物虐待等への対応
・劣悪な飼養環境にある展示動物の飼養改善への取組み等

［2］の不幸な動物をつくらないための活動は
①動物関連の法律制定および改正に向けた取組み
②避妊去勢手術の推進

③研修・セミナー等の開催
④小中学生を対象とした動物愛護の作文コンテスト
　1969年より継続している小中学生を対象とした啓発事業
⑤啓発資料・パンフレット・アニメ動画作成・配布
⑥調査研究（大学との協働事業等）
⑦専門家による学術ネットワークを設置（2018年から）
⑧学会等への参加
⑨動物相談電話
⑩国および地方自治体等の委員会、協議会への参画
⑪日本獣医生命科学大学に社会連携講座シェルターメディスン講座を設置（2022年から）
など

以上のように活動は多岐にわたっています。そして動物福祉には動物福祉学という学術的側面もあることから、近年は学術分野への参画も積極的に行っています。

Ⅰ章

「動物福祉」の意味と「5つの自由」

「Animal Welfare」すなわち「動物福祉」

皆さんにとって身近な動物は何かと問われたなら、どんな動物を思い浮かべますか。犬猫などペットである「愛玩動物」でしょうか。動物園などにいる「展示動物」でしょうか。それとも豚・牛・鶏などの「産業動物」でしょうか。治療薬などの開発のために活用される「実験動物」でしょうか。それとも、カラス、カエル、イノシシなどのように私たちの生活周辺にいる「野生動物」でしょうか。

このように、私たちの社会・生活にかかわる動物はたくさんいます。しかし、すべての動物に万遍なく愛情をそそぐことは難しいのではないでしょうか。私もわが家の愛犬と他の動物を比べるなら、だんぜん愛犬の方がかわいいし、愛おしいものです。

じつは「動物福祉」は、そのような人間の感情に左右されず、人間の保護管理下にあるすべての動物に快適な環境を与えましょうという考え方です。「動物福祉」の語源は英語の「Animal Welfare」ですが、このWelfareの意味は「幸福で快適な生活」や「福祉」のほかに、「社会福祉事業や社会保障」など幅広い意味を含みます。その中で、動物福祉の「福祉」は主に「幸福で快適な生活」という意味と考えられています。

日本では現在、漢字の「動物福祉」とカタカナ表記の「アニマルウェルフェア」の2つの言葉が同じ意味で使われています。カタカナ表記は主に産業動物の福祉で使用されるため産業動物に限ったイメージが強いのですが、「動物福祉」も「アニマルウェルフェア」も同じ意味です。

動物の生涯にわたり、動物福祉の配慮を

2018年に国際獣疫事務局（OIE）〔現：世界動物保健機関（WOAH）〕が、「動物福祉とは動物の生活とその死にかかわる環境と関連する動物の身体的・精神的状態」と定義しています。動物が生きている間だけではなく、やむを得ず（と畜を含む）動物の命を奪うのであれば、その方

法についても身体的・精神的苦痛のない方法を選択するなど、所有者・占有者（いわゆる飼い主）は、その動物が生まれてから死ぬ瞬間まで動物の福祉に配慮し、快適な動物福祉を提供することが大切であるとされています。

つまり、私たち人間は保護管理下に置く動物の福祉に十分に配慮する責任があり、良好な動物福祉のために、その動物の生理・生態・習性を理解し、動物のニーズ（欲求）を満し、動物が身体的・精神的に十分に健康で快適な生活をおくることができる環境を与える必要があるのです。

動物福祉は科学的に評価できる

それでは、動物にとって快適な生活とは何でしょうか。それは、動物が心身ともにストレスがなく飼養環境に調和している状態であると言われています。動物には順応・適応能力が備わっています。しかし、その能力で対応できないような状況に置いてしまうと、心身に悪影響を与えかねません。程度により、不適切な飼養管理または虐待と判断されます。

動物の福祉は、生理学・内分泌学、行動学そして脳神経学などで科学的に測定することができ、その科学的根拠をもとに評価することができるとされています。では、科学的根拠とは具体的にどういったものなのでしょう。

人間もそうですが、動物が苦痛を感じるときは心拍数が上がります。呼吸数や瞳孔の大きさからも状態を把握できます。血液検査によるコルチゾール（ストレスホルモン）や白血球数なども手掛かりとなります。また、動物の攻撃性、常同性（反復的な行動や姿勢）や沈うつ状態といった異常行動の把握は、その動物への福祉の指標になると言われています。

動物が心身ともに充足できていれば、心拍数や呼吸数が安定し、オキシトシン（幸せホルモンの一種）が増加します。そして、休息や毛繕いなどのリラックスした行動がみられたりもします。「動物福祉は科学的に評価できる」と言われる所以です。そのため、動物福祉学は学問として構築され発展しています。

「動物福祉」の対象と原則「5つの自由」

動物福祉の対象となるのは、犬猫などに代表されるペットとしての愛玩動物、牛・豚・鶏などの産業動物、動物園などの展示動物、ラット・うさぎなどの実験動物や盲導犬などの使役動物等、人間の保護管理下にあるすべての動物です。

では野生動物はどうなのでしょう。じつは野生動物にも人間の生活や社会活動が直接的にも間接的にも影響していると考えられるため、昨今では動物福祉の対象となると考えられていま す。つまり動物福祉は、人間とかかわる、人間からの影響が及ぶすべての動物が対象となります。

そして、「動物福祉」には原則（ルール）があります。それは、１９６０年代から提唱され、１９７９年に英国の農業動物福祉審議会（ＦＡＷＣ）がまとめた「５つの自由」です。それぞれに確認事項例を付記します。

「5つの自由」とその確認事項

①飢えと渇きからの自由
- 適切な栄養、十分な食餌が与えられているか
- いつでもきれいな水が飲めるようになっているか

②不快からの自由
- 動物種に合った快適な温湿度であるか
- 清潔で危険物のない場所に置かれているか
- 雨風雪や炎天下を避けられる快適な休息場所はあるか

③痛み、負傷、病気からの自由

・病気にならないように普段から健康管理・予防をしているか
・痛み、外傷あるいは疾病の兆候を示していないか
・疾病があった場合、診察され、治療されているか

④自然な行動をとる自由（本来の習性を発揮する）
・習性に応じて群れあるいは単独で飼養しているか
・正常な行動ができる十分な広さがあるか

⑤恐怖や抑圧（不安）からの自由
・恐怖や精神的苦痛（不安）を与えていないか

「④自然な行動をとる自由」について補足すると、立つ・座る・方向転換をするなどの日常的な自然な動きができることのほか、たとえば象のように野生下で群で暮らす動物は複頭数で飼うこと。また、羽ばたきたいという強い欲求を持つ鳥類は、羽を十分に広げられるスペースや自由に飛べる空間が必要であるとされています。

「5つの自由」は国際的な動物福祉の基準として、ＷＯＡＨや世界獣医師会（ＷＶＡ）の指針・方針および各国の法令にも反映されます。

「5つの自由」＋α＝「5つの領域」

動物福祉学は他の学術分野と同様に日々研究され、発展しています。かつて、動物のおかれているケージの大きさやスペースなどによって動物福祉を評価しようとしすぎた結果、肝心の動物の状態が蔑(ないがしろ)にされてきたことがありました。その反省から、近年では動物の状態、とくに精神面に焦点をあてて評価する傾向にあります。

また、動物福祉の原則である「5つの自由」の目的は、空腹、痛み、恐怖などの苦痛いわゆる動物にとってネガティブな状態をできる限り減らすことにあります。つまり虐待を防ぐことが目的であり、「5つの自由」をすべて守ることが虐待および不適切な管理ではない最低ラインの保持であると考えられています。

最近では、そういったネガティブな状態を最小限に抑えると同時にポジティブな状態を促進していくという「5つの自由」＋α＝「5つの領域」の考え方へ移行してきています。これは、ただ虐待を防止しようという考えから、心身ともに充足したより快適な生活を与える「よりよい福祉にしていく方向へ」と進展していることを示しています。

動物福祉を評価する方法

動物福祉の指標として主に3つあげられます。

①餌や飼養スペース・環境などの
Resource－based measures（リソース・ベースド・メジャー）
②所有者等による管理体制・飼養方法などの
Management－based measures（マネージメント・ベースド・メジャー）
③そのような飼養環境・管理下に置かれる動物の状態
Animal－based measures（アニマル・ベースド・メジャー）

この中で最も大切なのは3つ目の「動物の状態」です。動物の状態は獣医学などで科学的に評価されるため、動物の苦痛等は国によって変わるものではありません。たとえば、英国の犬と日本の犬が感じる苦痛には若干の個体差はあるとしても国による違いはありません。つまり、動物福祉の概念は世界共通であるといえます。また、主な評価の方法は次の2つです。

①５つの自由・５つの領域
②基本的なニーズ（動物種の生理・生態・習性を理解し、栄養・環境・行動・社会性・精神のニーズを満たしているか）

動物福祉と動物愛護の違いをめぐって

「動物福祉」に対して「動物愛護」の方が聞きなれた言葉だという人が多いかもしれません。愛護は日本独特の表現ですが、英語で「Ｌｏｖｅ（愛）」と訳されたりもします。これは、人が動物を大切に思う気持ち、思いやり、共感など、人の感情や心情が主体となり、主観的です。愛は、誰もがもっている大切な感情ですが、ときに利己的でもあります。動物に多くの愛を注いでいるつもりが、じつは間違ったケアをしている場合があります。

一方「動物福祉」は、そのような人間の感情に左右されるものではありません。客観的に動物の状態を観察し、その動物が必要とするニーズを満たすことです。つまり、動物愛護が人間主体であるのに対し動物福祉は動物主体です。とはいえ「動物愛護」と「動物福祉」のどちらが良いとか、正しいとか比較するものでもありません。なぜなら、動物愛護の本質は動物を思いやり大切にする、つまり生命を尊重する道徳心につながるからです。この感情は、人が動物に関心をいだく原動力にもなります。

一方で「犬猫は好きだけど産業動物には興味ない」といった感情や感覚は、命に対する不平等を生じさせます。まして感情や感覚は人それぞれ、把握しづらいものです。そのため、動物への愛護精神を具現化して説得力を持たせ、法律を制定するなど、社会を動かすには科学による実証としての動物福祉学が必要不可欠となっています。もちろん動物福祉には科学的な側面だけでなく、倫理的側面も含まれます。私個人としては、動物愛護は動物福祉の倫理的側面であると感じています。つまり、動物愛護精神は広義の動物福祉に含まれると考えています。

動物の権利思想「アニマルライツ」との対比

米国の哲学者が1980年代に提唱した「動物の権利思想「アニマルライツ」」という考え方があります。このアニマルライツには、過激派から穏健派までおりますが、基本的には動物の権利は人の権利と同等であるとみなし、人のために動物を利用することを全面的に否定しています。厳格には、ペットとして動物を飼うことも認めていません。一方、「動物福祉」は動物の人への利用については否定していません。ただし、利用する動物が生きている間の飼養環境や生活の質に対して十分に配慮することを求めています。

以上から、動物の権利思想と動物福祉は異なる考え方であることを解っていただけたかと思います。

動物を好きな人・関心のある人であっても、動物に対する思い・考えはさまざまです。またこの世には動物が嫌い、あるいは関心がないという人も存在しています。こうした人間以外の動物に関心のない人たちにも理解・納得してもらうには、感情論や思想だけでは限界があります。やはりここでも、科学的根拠が必要不可欠です。

動物福祉の概念の根底には動物福祉学という科学に基づいた学問があります。そのため一般的に社会に受け入れられやすく、実際に多くの国々では動物福祉の概念をもとに法律がつくられ、動物福祉に関する省庁が置かれるなどしています。

2章 動物虐待と向き合う

不適切な飼養管理か、虐待か

動物福祉の真逆にあるのが動物虐待です。簡潔に言えば「動物虐待とは動物に不必要な苦痛を与えること」です。では、必要な苦痛とは何でしょう。たとえば動物病院における予防医療や治療や手術なども動物にとっては精神的な苦痛であり、肉体的に痛みをともなう場合もあります。しかし結果的には、処置によってその動物が病気を予防できたり、治癒したり、ポジティブな結果につながるのであれば、それは必要な苦痛だと言えます。

苦痛には、大きく分けて「怪我、病気などの身体的苦痛」と「恐怖・不安、欲求不満、退屈などの精神的苦痛」があります。これらの苦痛は、その動物の持つ適応・順応能力以上のストレスがかかる環境であったり、ストレスが継続したり、ストレスの発散や代償行為がとれないことなどが要因となり、程度により不適切な飼養管理もしくは虐待と判断されることがあります。とくに近年では、動物の精神的状態に重点が置かれ、肉体的に健康で繁殖をしていたとしても精神的なニーズが満たされていなければ、その動物の福祉は低いと判断されます。つまり、身体と精神の両方が満たされることが重要です。

動物虐待は、日本でも罰則をともなう犯罪行為とされています。

◎意図的(非偶発的)な虐待

一般の飼い主による事例ですが、数年前、ペットの小型犬をクローゼットに叩きつけるというショッキングな映像が拡散されました。飼い主さん曰く、噛み癖を矯正するしつけの一環であったとのことです。その後この小型犬は幸いにも保護されています。

もう一つは動物保護団体の事例です。日常的に犬を棒で叩いたり、殴ったり、蹴ったりしていた疑いがありました。そして、この団体代表は逮捕・起訴されました。団体代表は、犬の問題行動をなおすためであり、動物への体罰はしつけのため、悪意はないと言っているそうです。しかし、悪意のあるなしにかかわらず、常軌を逸した行為は虐待とみなされることがあります。

◎ネグレクト

［写真1］の犬は外で飼われていたのですが、犬小屋どころか日よけもない炎天下に係留されていました。真夏にもかかわらず、水どころか水入れさえありませんでした。写真にある容器は、当協会への相談者が置いたものです。

犬の状態は肋骨が浮き上がるほど痩せて疲弊し、体表には多数のダニの寄生が確認されました。後に精密検査をしたところ、重度のフィラリア症であることもわかりました。最終的に飼い主が所有権を放棄したため、相談者に引き取られて幸せな余生をすごしました。新しい飼い主さんから、いっしょに海に行った写真が送られてきたのですが、表情も穏やかになっていて見違えるほどでした。

「虐待のリンク」についても記しておきます。動物虐待の場合は、動物の問題だけにとどまらず、対人暴力と関連することが報告されています。たとえば動物のネグレクトがあった現場で、子どものネグレクトも発覚したという事件がありました。その逆もあります。また家庭内で親から虐待を受けた子が、そのフラストレーションを動物にぶつけてしまうという事例もあります。動物虐待から殺人などにエスカレートしてしまった事例なども報告されています。つまり、動物虐待の早期発見は動物のみならず弱い立場の人間を護り、社会の安全を保つことにもつながっていきます。

［写真1］飼育放棄にあたるネグレクトの事例。
発見当初は犬小屋も水入れさえない状態で係留されていた。

「不適切」というグレーゾーンが存在する

動物が置かれている状況が適切か虐待か、白黒はっきりさせられることばかりではありません。「適切」と「虐待」との間には、必ず「不適切」というグレーゾーンが存在します。不適切な飼養管理は、指導などによって改善されれば適切な飼養に、改善されずに長期間におよぶ場合は虐待と見なされることもあります。

一般の飼い主さんの犬の事例をご紹介します。ここの犬はベンチのある広い小屋で飼われていました。餌や水もちゃんと与えられていて、飼い主さんは１日１回、掃除もしていました。犬には足に軽度の炎症がありましたが、その他は問題ありません。しかし、未去勢だったため小屋の壁にさかんにオシッコをかけるので、壁のベニヤ板が悪臭を放つようになっていました。また水や餌の容器も不衛生でした。犬小屋は非常に日当たりが悪く、清掃の後は床面がつねに濡れているような状態でした。足の炎症は、この水はけの悪さによって起きたものと思われました。

このように虐待とまではいかないが、改善しなければならない点が多々あるというのが不適切な飼養管理と判断されます。こうした場合は、管轄の動物愛護管理行政職員による視察と指導が行われます。日本では罰則などはありませんが、英国では「動物福祉法2006」に動物飼養管理義務が明記されていて、違反者には虐待罪同様に罰則が設けられています。

遺棄は犯罪、根本原因は人間にある

遺棄も動物虐待であり、動物愛護管理法でも罰則をともなう犯罪です。遺棄についての事例があります。

2014年に栃木県のペットショップ店員が廃業する愛知県の繁殖業者から多頭数の繁殖犬を有料で引き取りました。その店員が車で栃木県に輸送中に犬たちが熱中症で死んでしまったため、死体を河川敷に遺棄したというのです。この事件には、動物愛護管理法および廃棄物処理法違反の罪で有罪の判決が下されています。

こうした遺棄事件というのは、虐待などと違って表面化しづらく、あまり報道されませんが現在でも全国で発生しています。動物取扱業者だけでなく、一般の飼い主による事案も報告されています。罰則をともなう犯罪であるにもかかわらず、遺棄された犬や猫が生きている場合は軽視されがちです。こうした遺棄をなくすには、飼い主のモラルだけに頼るのではなく、事件としてしっかりと取り締まっていくことが抑止力になるものと考えています。

遺棄される動物の中で、その多くが子猫であるのが現状です。遺棄された子猫はカラスやハクビシンなどの野生動物に襲われたり、餓死や脱水症状に陥ったり、衰弱し交通事故に巻き込まれてしまう場合もあります。生き延びても野良猫として過酷な環境ですごすことになります。また、虐待の対象になったりもします。こうした野良猫問題の根本原因は、やはり人間にあります。不幸の連鎖を生む繁殖を防ぐには、避妊去勢手術が必要です。

不幸な野良猫を増やさないための5項目

野良猫が犠牲になった事件はたくさんあります。なかでも2016年から2017年にかけての元税理士による野良猫虐待事件がよく知られています。

人なつっこい野良猫は、虐待の対象にされやすいという悲しい現実があります。野良猫というのは、もともとイエネコであって法律でも愛護動物に含まれます。野良猫と人間が共生していくためにも、これ以上、不幸な野良猫を増やさないようにしなければなりません。そのために実行したい5項目は次のとおりです。

①避妊去勢手術の徹底
②人馴れしている個体はできるだけ新しい飼い主を探す
③完全な室内飼育
④遺棄取締りの強化
⑤餌やり問題や地域猫活動を人間活動トラブルに発展させないよう、できるだけ早期に行政などの相談窓口を活用する

③は、ペットとして猫を飼っているのであれば家の中で飼育してほしいということです。④については、遺棄が犯罪であると認識している人は少ないと思うので、遺棄をしっかりと取り締まっていこうということです。⑤については、自治体を巻き込んで地域問題として対応してゆくことも大切だとする考えです。

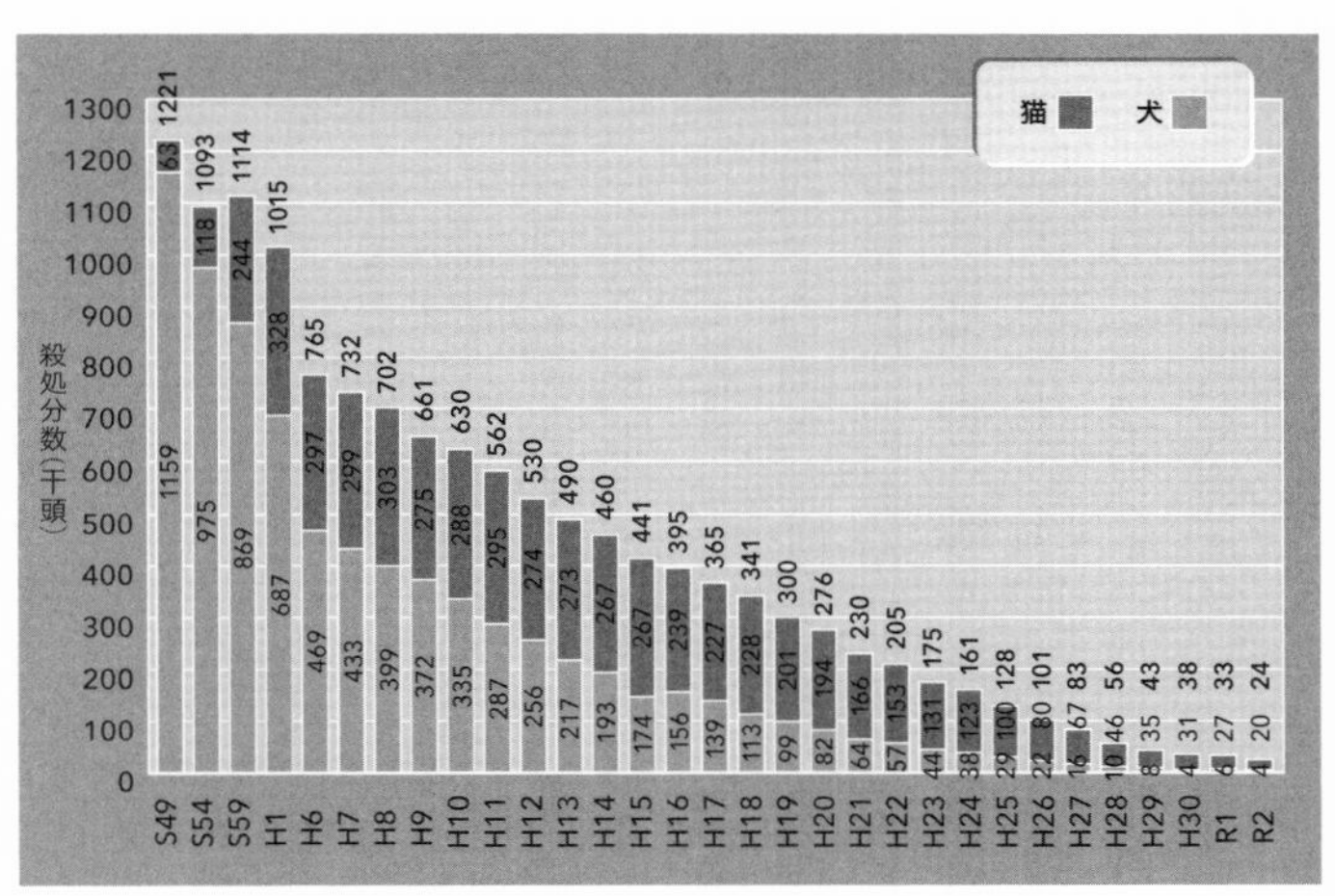

［図1］全国の犬・猫の殺処分数の推移（環境省 統計資料）

多頭飼育問題との果てしない対峙

近年、増えてきている多頭飼育問題の主な特徴は、人の福祉の問題も含むことです。どういうことかというと、動物のネグレクトだけでなく、飼い主のセルフネグレクトや家族へのネグレクトなどを含んでいる場合があるのです。ネグレクトの現場は悪臭を発生させているなど、衛生動物や害虫の発生などもあって、公衆衛生上の問題を含む社会問題となっています。

飼い主の中には、精神障害を持つケースもあると報告されています。私たちの仕事では、このような多頭飼育現場に入ることがあるのですが、こうした問題を起こしている飼い主さんの多くは、たいてい一筋縄ではいきません。たとえば私たちが「避妊去勢手術代を全額負担します、エサ代の金銭的援助をします、適正頭数になるまで保護します」と申し出ても、拒絶またはいったんは了承いただいても反故されることがほとんどです。

「アニマルホーダー」すなわち日本語では劣悪多頭飼育者と言われたりしますが、その特徴を次に示します。

①多頭飼育崩壊をもたらす要因の一つでメンタルヘルスに関連することが示唆される
②動物に対して必要最低限の栄養、衛生環境、獣医療等を提供できず、ネグレクトの結果、動物が飢え（衰弱）、病気になり、死亡させてしまう
③ネグレクトによる動物への影響を認識できない、または過小評価する
④動物をたくさん所有しようとするだけでなく、ネグレクトの状態という事実を拒絶し、多頭数を集めてしまう強迫性、それを手放すことを頑なに拒む頑固さ、反復性（再発１００％）がある
⑤経済状況や学歴などに関係なく、どんな立場の人でもなり得る

（参考：法獣医学研修会資料）

そして次は飼養動物の側の問題です。

①人馴れしていない警戒心の強い個体が多い
②そのため、新しい飼い主を探すことにかなり苦慮する
③新しい飼い主がみつかるにしても、かなりの長期間を要する
④健康問題を抱えている個体が多い
⑤場合によっては安楽死も考えていかなければならない

犬の多頭飼育崩壊事例を紹介します。

飼い主は70歳代男性で、一人暮らし。ビーグル系雑種が屋内外で約140頭飼育されていました。［写真2］は敷地以外の公道と畑の間にも係留されている状態です。経済的な問題でエサも十分に与えられていないとの情報もありましたが、現場に入った際は、削瘦（さくそう）しているという個体は見られませんでした。

しかしみな身動きできない状態で、木の破片が散らばっているような足場が悪い状態の所に係留されていました。また、よく脱走するからと鉄のチェーンで繋がれていたのですが、過密のため、絡まって身動きがとれない状態の個体もいました。そして避妊去勢手術をしていないため、屋内には子犬が20頭以上いました。

2017年に初めてこの現場を視察しました。当初、飼い主は行政と当協会の支援を受け入れて、譲渡と避妊去勢手術をする意向を示していました。しかし手術や譲渡を実行し始めたところ、突然支援を拒否するようになりました。その後も子犬が20頭以上産まれたのですが、その子たちの譲渡も拒絶して、妊娠している個体を隠すようにもなりました。そういった過密な環境は、犬たちにとって非常にストレスがかかります。生まれたばかりの子犬が、ほかの犬に食い殺されたりする事件も発生していました。

それでも根気よく説得を続け、何とか一年以内で、メス全頭の避妊手術を完了し、飼育頭数を当初の約半数73頭まで減らすことができました。しかしその後、飼い主は残った犬の所有権放棄やオス犬の去勢手術を拒絶するようになりました。そのため、しばらくボランティアが通って様子をみることにしました。

［写真3］は2年半後に視察した際の状況です。ボランティアが毎日お世話をしていました。そうした尽力で、まずは歩道や敷地外に犬が繋がれなくなり、脱走防止柵も作成されていました。

室内の奥の方には、壁は全面にはないのですが屋根と犬小屋が設置されていました。しかし、飼養環境は改善したというものの依然として多頭飼育状態ですから、オス同士の喧嘩も散発していました。ケガをしている個体も見られ、高い柵を作っても相変わらず脱走する個体もおり、咬傷事故なども発生していました。

[写真2] 犬の多頭飼育問題の例。敷地外の公道と畑の間にまで係留されている。
[写真3] 多頭飼育崩壊から2年半後、努力の甲斐あって改善されている。

ボランティア頼みという危うい飼養管理状態が続いていましたが、2020年に動物虐待の罪で飼い主が逮捕されると、一気に解決へ動きだしました。その年の夏、飼養放棄された全頭が保護され、本件はようやく決着しました。譲渡された犬たちは、新しい飼い主のもとで幸せに暮らしています。

次に猫の多頭飼育崩壊の事例です。

［写真4］は町役場の福祉部局が中心となり、民生委員の方とも協働で、日本で初めて生活困窮者自立支援の制度を用いて対応した案件です。飼い主さんには障害があって、猫のネグレクトだけではなく、飼い主さんご自身のセルフネグレクトも見られました。不衛生な場所に布団を敷いて寝ていたり、ご自身のご飯を買うお金がないからと猫エサを食べて過ごしていたりもされていました。この事例でも猫を手放すことを拒否されることもありましたが、民生委員の方がしっかりとサポートして、最終的に一年以内に猫をすべて保護し、飼い主さんは施設に入所されて解決しました。［写真5］は新しい飼い主さんのもとで幸せになった猫の様子です。

[写真4] 猫の多頭飼育崩壊現場
[写真5] 新たな飼い主さんと住まいを得て、すっかり安心した表情を見せる猫。

動物と人間の福祉はつながっている"One Welfare"

改正された動物の愛護及び管理に関する法律（動物愛護管理法）25条によって、動物愛護管理行政職員が不適切な飼養管理および多頭飼育問題の現場に立ち入りできるようになりました。ところがせっかく早期に立ち入りでき、状態の悪い動物を発見したとしても、所有権の問題で瀕死の動物ですら保護することができません（令和6年〈2024年〉現在）。また、飼い主が動物の所有権を放棄したとしても、多頭数の動物たちをどこに収容をするのかという問題もあります。とはいえ、飼い主の気持ちが変わる前に動物をすみやかに保護することが、解決には必要不可欠です。そして、保護することを拒絶された場合も想定し、緊急的に一時保護できる法整備も急務であると考えます。大量の動物の保護には、行政施設を活用するなど行政が主体となって対応していくことが重要だと思います。

アニマルホーダーの場合、再発率は100%と言われています。そのため飼育禁止命令の法整備だけでなく、解決後の定期的な監視も必要です。多頭飼育問題は動物だけのことではありません。公衆衛生問題による近隣住民への影響や、飼い主や家族の福祉の問題なども含みます。そのため、社会福祉士やケースワーカーの立ち入りによって発覚することも数多くあります。

多頭飼育現場でよくみられる飼い主や家族へのネグレクトや動物虐待現場でみられる児童虐

待及び高齢者虐待のように、動物と人間の福祉は表裏一体・密接に関係しています。そのため最近では動物福祉と人間の福祉、そして環境保全は繋がっている、同じ傘の下にあるとする「One Welfare（ワン・ウェルフェア）」という新しい概念が提唱されています。

— 3章 —

ペットをめぐる日本社会の現状と課題

行政施設での「犬猫の殺処分」が減少した理由

全国の行政施設での犬猫の殺処分数の推移（環境省発表）を見ると、統計を取り始めてから現在まで右肩下がりで減少しています（151ページ 図1）。主な理由は、次の7つであると考えられます。

①捨て猫（犬）、野良犬（猫）の減少
②避妊去勢手術の普及（TNR：トラップ・ニューター・リターン活動含む）

③室内保育の増加
④飼い主の意識向上により、ペットは家族に
⑤ミルクボランティアの増加
⑥行政施設での返還・譲渡数の増加
⑦第一種動物取扱業者からの犬猫の引取り拒否（平成24年〈2012〉法改正以降）

②の「避妊去勢手術の普及」について補足すると、TNRとは捕まえて避妊去勢の後に安全な所に戻す活動です。人なつっこい犬猫であれば、新しい飼い主を見つけられるように努めます。⑤では自治体などでの離乳前の子猫を育てるミルクボランティアの活動が順調であることを物語っています。⑥については、行政施設でも返還・譲渡に力を入れ始めていて、新しい飼い主が見つかる確率も増えています。⑦について補足しますと、平成24年（2012）の動物愛護管理法の改正以降は、ブリーダーなどの第一種動物取扱業者や、避妊去勢もせずに何度も行政施設に持ち込むような悪質な飼い主などから、犬猫の引き取りを拒否できるようになりました。

以上が、主な殺処分の減少理由になります。

ます。

殺処分ゼロブームが自治体に与えた影響

平成24年の法改正のときに、殺処分ゼロブームが起こりました。このブームが及ぼす自治体への良い影響は、以前は譲渡適正のある犬猫も殺処分していたのを改め、返還・譲渡に力を入れるようになったことでした。しかし良い側面ばかりではありません。悪い影響も報告されています。

そもそも犬猫を取り巻く環境は、地域によって大きく異なります。たとえば地方では、いまだに野良犬・野犬問題を抱えている自治体があります。そのなかで攻撃性の強い個体は地域住民の安全を守るために、やむをえず安楽死を選択することもあります。こうした地域の事情があるにもかかわらず、一律に全国の自治体が殺処分ゼロのプレッシャーにさらされ、行政職員が「ゼロ」という数字ばかりを追うようになりました。また、行政の重要な業務である公衆衛生を守ることや地域住民の安全健康を守る業務が、正当に評価されにくい状態にもなりました。

殺処分ゼロにこだわるあまり、一部の自治体では、飼い主が亡くなり行き場を失った犬猫もかたくなに引き取りを拒否しました。それぱかりか、攻撃性のある動物を一般譲渡してしまったり、すでに収容能力をオーバーしているような保護団体に引き渡してしまったりという事例が報告されています。また逆に、行政施設が収容能力以上の犬・猫を抱える（過剰飼育）状態、多頭飼育崩壊状態に陥ることもあります。譲渡不適な動物を飼養し続け、保管期間が長期化するなどの問題も起きました。

動物保護施設(シェルター)の目的とリスク

動物保護施設の目的は、保護した動物を健康な状態で一日も早く新しい飼い主に譲渡することです。なぜなら、保護施設は一般的にストレスや病原体の宝庫だからです。いろいろな動物が日々、いろいろな場所から来るので、病原体を完璧には排除できず、安全な隔離ができません。元気でシェルターに入ってきた動物が、病気になってしまうこともあります。

ストレス下では治療をしても十分な治療効果が得られないという報告もあります。そして保護施設も慢性的な人手不足であることから、動物に十分な運動をさせることも社会化の指導もできないなど、いろいろな事情をかかえています。

もともと行政施設では長期保管が考慮されていません。長期保管による動物福祉の侵害というリスクが高くなると考えられます。事例として、殺処分ゼロを掲げていた行政施設内が非常に過密飼育になっていたことがあります。そこにいる犬猫たちは、捕獲日も捕獲場所も異なりますが、いっしょのケージに置かれていました。餌は一頭ずつにではなく、バラマキで与えられていました。血便を発見しても、どの個体からなのかが識別できないような状況です。そのため健康管理はできておらず、感染症のリスクも必然的に高まります。

ケージがいくつあってもつねに満杯であったため、ケージ外でも飼養されていました。また施設内だけでは収まりきれず、外にテントやプレハブを設置して保管してもいました。これは非常に問題だということから、行政獣医師を中心に改善への取組みを進めています。

殺処分ゼロを達成している別の自治体の保護施設でのことでした。ここでは犬はケージ内でも繋ぎ飼いをしていて、行動が著しく制限されていました。人が傍を通るだけで、非常に怯える行動を示す犬もいました。このままだと、殺処分はゼロでも動物福祉もゼロになりかねません。要するに「殺処分ゼロ」はスローガンであって、数値目標ではないのです。

殺処分ゼロブームは日本と同様にアメリカでも起きています。アメリカの方が、ノーキル思想が根強いかもしれません。アメリカのPETA（People for the Ethical Treatment of Animals）という世界最大規模の動物愛護団体が、殺処分ゼロブームの弊害について次のように発信しています。

悪質な繁殖・販売業者の社会問題や十分な避妊去勢手術の定着など地域の問題が解決される前に、動物保護・保管施設が殺処分ゼロのプレッシャーにさらされると、安楽死による安らかな死からかけ離れた、動物にとっては遥かに悪い結末がおこる。（PETA・USA）

その悪い結末として、引き取り拒否、苦痛をともなう死、長期間（年単位）のケージ生活、多頭飼育崩壊の助長などが挙げられています。これは日本でも同様であると考えられます。

では、行政施設での殺処分ゼロの本質とは何でしょう。それはやはり「譲渡に適する犬猫の殺処分の数をゼロに」ということだと思います。安易に行政施設に持ち込む人を減らすためには「飼い主が責任を持って飼養するための啓発強化」が大切です。その結果、限りなくゼロに近づけることができるのではないかと思います。

とはいえ、公表されている処分数というのはあくまでも行政施設での数であることを忘れてはなりません。行政に引き取り拒否され、環境省の集計に現れない動物もいるからです。

日本の犬猫の流通経路に潜む問題

行政施設はあくまでも最終的な受け皿にすぎません。行政施設に来る前段階に動物たちに何があったのか、その根本的な原因を追究してみると犬猫の大量生産、大量消費、大量廃棄の構図が見えてきます。

［図2］は日本の流通経路の簡略図です。流通の約6割は日本独自の合理的なシステムであるペットオークションを介しています。繁殖業者のもとで繁殖された子犬・子猫などは、仲介業

者がオークションなどで買い付けをして、ペットショップ等で最終的に消費者の手に渡っていきます。しかしこの過程で、繁殖業者と消費者の間には二つ以上の業者が介在しています。繁殖業者からは消費者の顔が見えません。もちろん消費者からも繁殖された場所は見えません。繁殖業者としては、流行の子犬・子猫を繁殖してペットオークションに持ち込むとお金に換えることができます。そのため、どうしても無秩序な大量繁殖が起きやすいのです。大量生産されれば、販売できずに売れ残る個体や先天性疾患を持つ個体も多くなります。大量廃棄の構図も見えてきます。

また、日本の流通経路の深刻な問題として移動販売があります。日本全国を周る長時間の輸送は、子犬・子猫などの幼齢個体には大

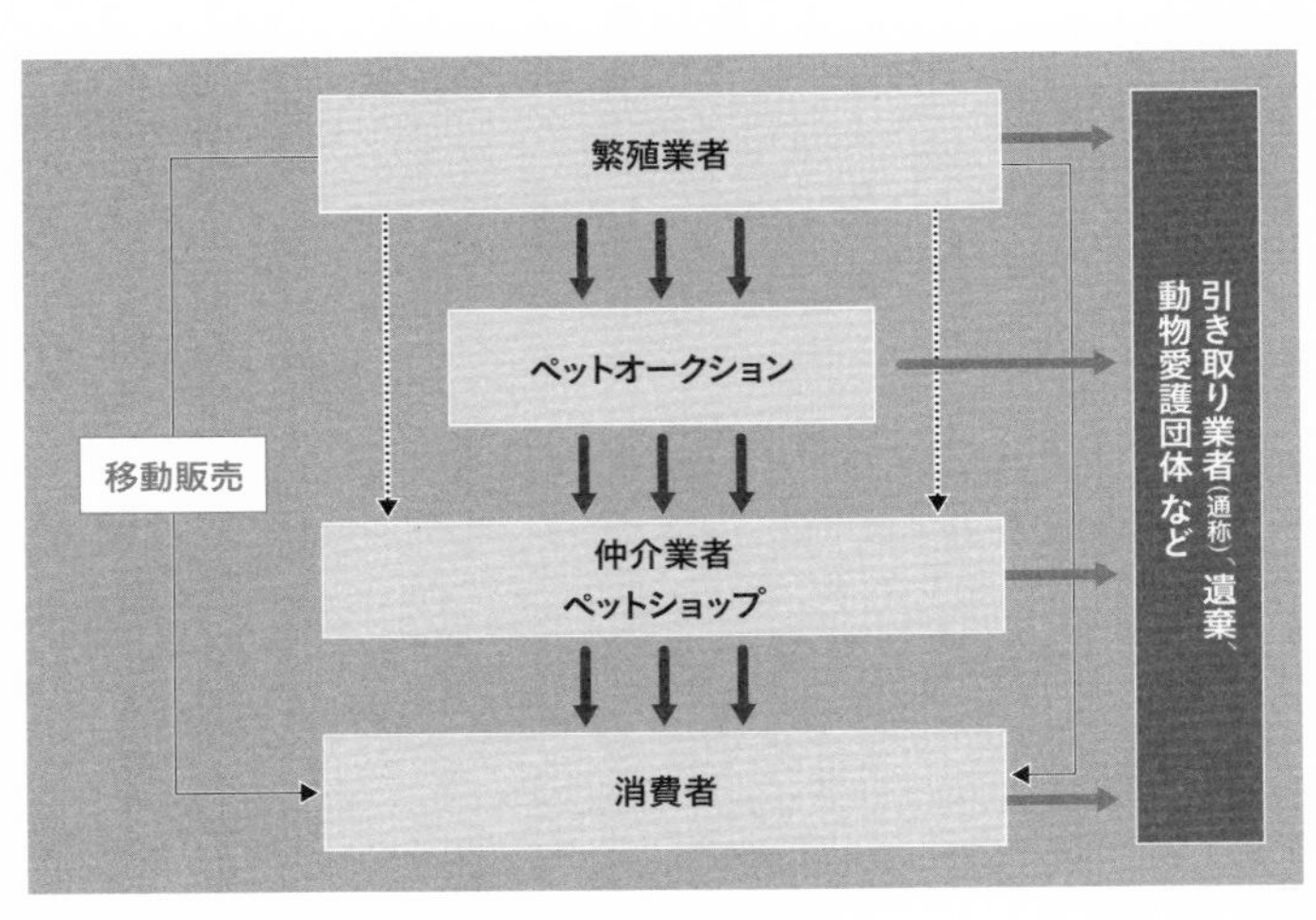

［図2］日本の犬猫の流通経路（簡略図）

きな負担となります。さらに展示会場などの環境の変化も、多大なストレスとなります。

日本の流通の主な問題点をまとめます。

①一部の繁殖業者による無秩序な繁殖が行われる

②ペットオークションの在り方

ペットオークションおよびペットショップで売れ残った犬猫の取扱いが不透明

③消費者のもとで先天性遺伝性疾患が判明しても、繁殖業者にフィードバックできないため、再び同様のかけ合わせが行われる可能性がある。

繁殖業者から消費者の手に渡るまで、少なくとも2回以上の移動および環境の変化があります。幼齢個体には多大なストレスがかかります。とくに長距離移動する移動販売では、輸送及び環境変化のストレスが大きいものと考えられますが、日本では輸送や環境変化によるストレスが過小評価されている現状があります。

悪質な動物取扱業者を淘汰できない消費者の問題

2018年に当協会が告発した、繁殖業者の従業員による犬の取扱いを捉えた動画があります。そこには、犬の首根っこをつかんで移動させるなどの乱暴な取扱いの様子が写っています。こうした行為は犬に精神的にも肉体的にも苦痛を与えますし、頚椎を損傷するリスクもあります。私たちはそのような行為を虐待と判断し、ネグレクトだけでなく意図的虐待としても告発しています。

もう一つは当協会が2016年に告発した、いわゆる引取り業の施設内の映像です。この業者は、オークションやペットショップなどで売れ残った子犬・子猫、繁殖を引退した犬猫、そして行政施設での引取りを拒否された個体などを有料で引き取っていました。ここでは、運よく新しい飼い主に保護されなければ、死ぬまで劣悪な飼養環境で過ごす悲惨な生涯が待っています。まさに犬猫にとっての生き地獄といっても過言ではない環境です。

こうした悪質な業者が社会問題となり、2019年の法改正では動物取扱業者における犬猫の飼養管理基準が制定されました。ケージの大きさや従業員の数など、具体的な基準が示されています。

問題は業者だけではなく、消費者にもあります。たとえば消費者は繁殖された飼養環境や親のこと、流通経路、販売されている飼養環境について考えようとしません。そして幼齢個体をほしがる人がいまだに日本では多くいます。ほしいと思う動物種の生態や習性を理解せずに、流行につられて衝動買いをする、「かわいい」というだけで後先考えずに買ってしまう人もいます。国民の動物福祉への関心の低さや無知が、皮肉にも悪質な業者を支えてしまうことにもなりかねません。

受入れに制限のある行政施設、飽和状態にある民間の施設の現状を考えると、大量廃棄される犬猫を救助するだけでは限界があります。根本的な問題である大量生産をもたらす流通体制にメスを入れなければなりません。不幸な動物をつくらないこと、つまり蛇口をしめることも必要不可欠です。

不幸な動物をつくらないために必要なこと

不幸な動物をつくらないために、主に次の3項目が重要です。

①動物にかかわる法律の制定・整備（トップダウン）
②動物にかかわる法律等の運用

③国民の動物福祉への意識向上（ボトムアップ）

①は不幸な動物を守る法律の実現を求めての活動です。動物虐待を未然に防ぐこと、早期に発見し対応していくこと、被害を最小限に留めることをめざしています。それには、虐待を犯罪として取り締まることが重要であると考えます。

2019年の法改正では行政職員の権限が強化され、立入り及びすみやかな行政処分ができるようになりました。虐待についても厳罰化され、検挙数が増えています。ところが、日本では所有権が強いため、虐待をした人を罰することができても虐待を受けている動物を保護することができません。そのため、次回の法改正では虐待を受けている動物をすみやかに保護できる法整備をめざしています。また、虐待をした動物の飼育を禁止する法整備も必要です。

次に②の動物にかかわる法律等の運用について説明します。日本では行政が動物福祉に対しての重要な役割を担っています。そして、法律のなかに動物愛護管理センターの役割が明記されています。その役割の中で行政でしかできないことがあります。動物取扱業者の監督、不適切飼養および虐待の疑い等に関する対応です。これらについては、虐待にエスカレートさせない、つまり虐待防止の意味でも大切です。また明らかな虐待に対しては、警察と連携して対応していく必要があります。

そして、これらの法整備や運用をスムーズに進めるためには、動物福祉、動物虐待にかかわる正しい考えを社会に広め、社会的に動物についての問題の優先順位を上げてゆくことが重要です。国民の動物福祉への意識の向上が必要不可欠であると言えます。

③の国民の動物福祉への意識向上（ボトムアップ）に関して、（国民の）私たちができることとは具体的にどういうことでしょう。まず、動物に対する考え方を見直すことです。なぜなら、日本ではまだ「ただ生きていればいい」という考え方の人が多いからです。それでは劣悪な飼養環境を容認してしまうことになります。動物にとってもっとも大切なことは、生きている間の適切な飼養環境・管理（ケア）です。動物を私たちと同じ感情・感覚のある存在として、「動物福祉」を正しく理解しましょう。そのうえで動物をとりまく現状を知り、問題解決へと、できることから実践していくことです。

— 4章 —

人とペットの絆、幸せなつながり

ペットとの共生のために私たちができること

具体的な第一歩として大切なのは「動物を飼いたいと思ったなら、自分のライフスタイルや年齢を考慮して責任をもって飼養できるかどうかを飼う前に考えること」です。

その前提として、飼い主さんが「ペットを手放す主な理由」から考えてみましょう。

①引っ越しで飼えなくなった
②病気で世話ができなくなった

③高齢になったペットの介護が負担に（老々介護）
④飼い主が亡くなった
⑤家族が動物アレルギー
⑥近隣からの苦情
⑦子どもが生まれるので世話をする時間がない
⑧経済的困窮

以上のことは、飼う前に考えることで防ぐことができるかもしれません。万が一に備えておくことで防げる場合があります。そこで次に「飼う前に考えるべきこと」を上げます。

①住環境
②ライフスタイル、ライフサイクル
③家族の同意とアレルギー
④世話をする時間と体力
⑤経済的な負担
⑥生涯にわたる計画

たとえば①住居環境に関してですが、現在の自分の住まいはペットを飼える住居だろうか、そして転勤や転居の予定はないだろうかの確認も重要なポイントです。転勤・出張などが多い仕事の場合、引っ越し先に連れていくことができるか、信頼できる預け場所があるかなども十分に考えておく必要があります。

②ライフスタイル、ライフサイクルでは、あなたの年齢を考慮しているかが問われます。そして、あなたのライフスタイルに合っている動物種であるかも要チェックです。高齢者である場合は、運動量が多く力の強い犬種などは向きません。実際に当協会に相談があった事例で、「ゴールデン・レトリバーを飼ったのだが、急に走り出してしまって転倒し怪我をした。もうこれ以上は散歩にも行けないので、新しい飼い主を探してほしい」というものがありました。やはり、自分の年齢に合った犬種であるかを事前に十分に考えておく必要があります。

ご家族がいる場合は、③家族の同意と動物アレルギーの有無の確認が必要不可欠です。④世話をする時間と体力については、仕事が忙しく、散歩など動物の世話の時間をとれない、または多忙すぎてペットと遊ぶ体力が残っていないということもあげられます。

⑤経済的なことも大切です。動物を飼うということは、エサ代などのほか、医療費などもかかります。また、⑥生涯にわたる計画も描いてみましょう。人生は何があるかわかりません。自分に万が一のことがあった場合も事前に考え、必要ならば次の飼い主を探し、「命のバトン」

を渡すことも飼い主の責任の一つであると思います。

飼う前に親から子へ伝えたい大切なこと

子どもの情操教育のために、ペットを迎えることを検討される親御さんも多いかと思います。飼う前に親から子へ伝えるべきことがあります。第一に毎日のお世話することの大変さや大切さ、エサ代・医療費などの経費や終生飼養の責任などを家族で十分に話し合っておくことです。子どもに命を預かる責任が芽生えるでしょうし、その結果、いまは飼えないという判断になったとしても、命に対する尊敬の念やいたわりの心を育むことになります。家庭でできる情操教育の一つだと思います。

そしていよいよ「飼おう」となったなら、忘れてはならないことがあります。それは、親である大人が所有者であり責任者であるということです。動物のケアや咬傷事故など動物が何かしたときの責任は親（大人）にあり、適切に対応しなければならないことを忘れないでください。自分が飼養したい（している）動物種の生理・生態・習性をしっかりと調べて把握することも大切です。たとえば、ジャック・ラッセル・テリアはかわいい小型犬なのですが、かなり活発です。散歩は1日2時間以上が必要と言われています。

かかりやすい病気、遺伝病についても、事前に調べておきましょう。たとえば、たれ耳のスコティッシュフォールドなどは、軟骨が変型するという痛みをともなう遺伝病を持っています。程度の差はあれ、１００％発症すると言われています。

飼いたい動物と飼える動物は異なることも覚えておきましょう。

犬や猫は身近な動物ですが、その習性を正しく理解しているでしょうか。まず猫ですが、私たちのまわりにいる猫は野良猫を含め家畜化された家猫であり、野生動物ではありません。よく猫は夜行性に間違われますが、じつは明け方と夕暮れの時間帯にもっとも活発に動く薄明薄暮性《はくめいはくぼせい》（クリパスキュラー）動物であると言われています。

一方、巷でよく言われている「犬の先祖はオオカミ」だから、飼い主が犬のリーダーにならなければならないという考え方は、動物行動学的に間違いとされています。犬は成熟オオカミを家畜化したわけではないので、そのようなことはありません。

ペットを飼うには、食べ物にも気をつける必要があります。人間が食べて大丈夫でも、チョコレートやネギ類など犬には毒となる食材があります。また、チューリップやスイセンなど植物による中毒も報告されていますので、与えてはいけない食材や置かないようにした方がよい植物をしっかりと把握しておきましょう。

野生動物をペットとして飼うことの問題

野生動物は、いくら見た目がかわいくても飼わないでください。犬、猫、ウサギなど家畜化された動物と違って、見た目がかわいくともペットには向きません。その理由として、野生動物を飼うことの問題を次にあげます。

①その個体の生理・習性・生態に合った飼養環境を整えなければならず、一般家庭でそうするのは難しい。飼育に関する情報も少ないケースが多いため、飼育自体が難しい。
②診察できる動物病院が少ない
③遺棄（脱走）されたとき、生態系や在来種へ及ぼす影響が甚大
④未知の感染症のリスクがある
⑤捕獲や輸送による甚大なストレスがかかる
⑥飼えなくなった場合、新しい飼い主を探すのが難しい
⑦災害時に混乱を引き起こす可能性がある、同行避難が困難
⑧乱獲による絶滅の危機や密輸問題

野生動物のペット化の問題は動物福祉の側面だけではありません。⑧のように、世界的に野生動物の乱獲や密輸が問題となっています。中でも日本は密輸グループにとって大きなマーケットとなっています。その理由として、野生動物をペットとしてほしがる日本人が多い、つまり需要が高いことがあげられます。

また法律・規制が緩いということも要因です。たとえば、コツメカワウソはペットとして日本で爆発的人気となったことは皆さんご存じだと思います。そのため、東南アジアの生息地で乱獲され、生体数は激減しました。現在ではワシントン条約で絶滅のおそれのある種に認定され、コツメカワウソの国際取引は中止となっています。しかし、規制以前に国内で取得、あるいは輸入された個体は環境省に登録でき、登録個体同士の子も同様に登録が認められています。この登録票があれば、国内で売買できる仕組みとなっています。そして、このチェック機能が厳密ではないため、密輸された個体も国内繁殖と偽装されるケースが横行しているのです。

そのほか、④のように新型コロナウイルス感染症のような人獣共通感染症は、野生動物の取引が要因の一つであると指摘されています。

「飼う」と決めたなら

以上にあげた飼う前に考える項目をクリアし、十分に学習されたうえで動物を飼うことを決めたなら、まずは、動物保護施設の情報などを収集してください。もし、希望の子がみつかったなら、トラブルを防ぐ意味でも必ず引き取り手続きをする前に、動物と直接面会しましょう。そして、譲渡条件の確認や保護している方との面談も大切です。

動物保護施設で出会いがなかった場合は、ブリーダー、ペットショップへ行くことがあるかと思います。その際は、劣悪な飼養環境やスタッフに不信を感じるペットショップやブリーダーからは購入しないように気をつけてください。飼養環境やスタッフの印象というのは重要です。これらは動物保護施設で選ぶ際にも同様です。また、一部のペットショップや動物保護団体では、数年単位でのエサの定期購買を提示するところもありますが、数年同じエサを食べ続けることができるか、処方食になった場合など熟考することをお勧めします。

ブリーダーやペットショップを選ぶときのポイントは、まず動物取扱業の登録を受けているかをチェックすることです。そして、店内に入ったら五感のうちの視覚・聴覚・嗅覚・触覚をフル回転させましょう。悪臭はないか、うるさすぎないか、ケージ内の状態はどうかなどを確認し、実際の動物の状態を観察しましょう。もし、動物を触ることができたなら、毛並みや痩せすぎていないかなども確認してください。また、スタッフの態度、動物との接し方などもしっかりと観察してください。動物にスタッフの目が行き届いているかどうか、接客の態度はどうか、動物がスタッフをみて喜ぶかどうかなども重要なチェックポイントです。チェックポイント一覧は当協会HPに収録しています。保護施設のチェックにも有用ですのでぜひ参考にしてください。

そして、いよいよ動物との暮らしを始めることになったなら、飼い主が責任をもって動物福祉の原則である「5つの自由」を遵守するだけでなく、よりよい福祉をめざして飼育してください。そして繁殖を望まないのであれば、動物病院で早期の避妊去勢手術をしてもらうことです。最後まで飼育するという決意だけでなく、万が一に備え、次の引取り先についても事前に考え探しておくことが重要です。

また災害が多い日本で暮らすかぎり、個体識別管理をすることは必要不可欠です。とくに一人暮らしの方にお願いしたいのは、外出先などでの事故など不測の事態に備え、家に残してきたペットの存在を第三者に知らせるための対策です。「ペットが家にいます」という連絡カードを持ち歩くことも一考ください。東京都動物愛護相談センターのHPから連絡カードをダウンロードできます。このような連絡カードは行政だけでなく、いろいろな所でさまざまなデザインで作られています。

災害が発生して避難するときは、まずは飼い主さんご自身の安全を確保してください。それから、ペットと同行避難をしてください。避難所では集団生活になりますので、平時からのしつけや準備（防災グッズ）が大切です。

飼い主の責任としてすべきこと

①身元表示をしましょう

２０２２年６月から犬猫販売業で販売される子犬子猫へのマイクロチップ装着が義務化されました。そのため、ペットショップやブリーダーなどから購入した場合は、購入後、マイクロチップ登録の変更を指定登録機関に届出しましょう。団体から譲渡された場合は、マイクロチップがすでに装着されていることがあります。その場合もマイクロチップ情報の変更登録をしてください。一目でわかる迷子札の装着も災害時には有用です。

②室内で飼いましょう

犬の場合、（やむを得ず）屋外で飼養する場合は、むだ吠えや逸走など周囲に迷惑をかけないように努めるとともに、犬の正常な行動が妨げられない程度のリードの長さとするなどニーズを満す飼養管理をしましょう。猫は万が一の脱走等などに備え、首輪に慣れさせましょう（首輪は安全のために、引っ張るとすぐにはずれるセーフティバックルがついたものがよい）。飼い主のいない猫との区別となります。

③かかりつけの動物病院をつくりましょう

ペットの健康を守るためにかかりつけ動物病院をつくることは大切です。些細なことでも相談しやすい信頼できる獣医師をみつけましょう。

④適切なしつけをしましょう

「待て」や、呼んだら戻って来るなど必要最低限のしつけをしましょう。飼い主でのしつけが難しいと感じた場合は、かかりつけの動物病院やトレーナーさんに相談しましょう。また、普段からケージに入ることに慣れさせておくと、災害などの万が一のときに一緒に迅速な行動ができます。

⑤寿命を考えましょう

犬や猫は、人間の約４倍の速度で年をとります。そのため、ペットのライフサイクルにあった飼養管理が求められます。とくに高齢期は介護が必要になる場合もあり、医療費もかさむことが考えられます。高齢期への心構えと準備は必要です。若齢期にペット保険などに加入しておくことも備えの一つとして考慮しましょう。また、飼い主自身が高齢や病気となり飼えなくなる場合もありますので、事前に万が一の時に預かってくれる人や施設などを探しておきましょう。

犬を飼う場合、狂犬病ワクチン接種と登録は、狂犬病予防法に定められた飼い主の義務です。必ず実施しましょう。

災害時への対策は必須

①平時の準備

- ペットの健康管理：狂犬病および感染症予防のほか、ノミダニなどの外部寄生虫予防もしましょう。
- ペットのしつけ：キャリーバックやケージ等に入ることに慣れさせましょう。そして、避難所などに同行避難した際に無駄吠えなどで迷惑とならないようにすること、飼い主の指示に従うようにしつけましょう。また、排せつのしつけは大切です。
- ペットの個体識別管理：マイクロチップや鑑札・迷子札などを装着しましょう。
- ペットの飼育環境：ペットがいつもいる場所に、災害によって破損したり倒壊したりするようなものがないか確認しましょう。
•避難場所の確保と確認：地域防災計画を確認しておきましょう。また、同行避難できる避難所などを管轄行政に確認しましょう。同行避難できないケースも考慮し、親戚や友人、動物病院など動物の一時あずかり場所なども確保しましょう。
•避難訓練：毎年9月は防災月間として、多くの自治体や自治会で避難・防災訓練が行われます。最近では同行避難を想定した訓練を実施するところも増えてきていますので、その場合は是非ご参加ください。
•避難用備蓄品の用意：東日本大震災の時に、一週間、支援物資等が届かなかった地域がありましたので、念のためI週間から10日分の備蓄はしておきましょう。

備蓄内容は［図3］を参考にしてください。

②災害発生時の対応
•飼い主の身の安全：まずは、飼い主やご家族の身の安全を確保しましょう。ペットを守るためには飼い主が無事でいることが大切です。
•ペットの安全：突然の災害では、ペットもパニックになり、いつもと違う行動をと

［写真6］東日本大震災によって避難を余儀なくされたペットたちが緊急シェルターに収容された。

ることがあります。その時は、不用意に触ることを避け、まずは飼い主が落ち着いて普段どおりのトーンで話しかけ、ペットを落ち着かせるようにしましょう。

- 避難の準備：台風など事前に予測がつく災害の場合は、数日前から安全な場所に一時あずかりをしてもらうことも考慮しましょう。同行避難する際は、ガラス片など危険物などに注意して、避難用備蓄品袋を持って落ち着いて避難しましょう。
- 避難場所へ：避難場所についたら、避難所のルールに従いましょう。避難場所には、動物アレルギーや動物が苦手な人もいることに配慮するとともに、糞尿など速やかに取り除くなど衛生管理に気を配りましょう。ペットのケアは飼い主が責任もって行いましょう。慣れない場所ではペットもストレスを感じ、体調を崩すこともありますのでペットの健康に十分に注意してください。車中避難される場合は、熱中症などに気を付けながら、換気や水分補給などしましょう。また、飼い主が倒れてはペットを守れませんので、飼い主のエコノミー症候群予防や体調管理のためにも適度な運動を心掛けましょう。

環境省が「人とペットの災害対策ガイドライン〈一般飼い主編〉」を作成しＨＰで公開していますので、是非参考にしてください。

優先順位1

- □ フード7−10日分
- □ 水
- □ 容器
- □ 首輪・リード（伸びないもの）・ハーネス
- □ 薬・処方食
- □ トイレ用品
- □ ペットシーツ
- □ キャリーバック・ケージ

優先順位2

- □ 飼い主の連絡先
- □ 動物の健康情報を記録している物
- □ 写真：飼い主と一緒に写っている写真も用意

優先順位3

- □ ウェットティッシュ、ティッシュ
- □ タオル
- □ 洗濯ネット（猫をいれる用）
- □ ゴミ袋・ビニール袋（排泄物処理用など）
- □ ペットが普段使ってにおいのついた物
- □ ガムテープ、マジック
- □ 救急セット（伸縮性ある包帯、サージカルテープ、ガーゼ、ピンセット、ハサミ、爪切り、消毒薬、サランラップ等）

［図3］避難用品・備蓄品チェックリスト

https://www.env.go.jp/nature/dobutsu/aigo/2_data/pamph/h3009a.html

動物虐待をみつけたときの対応方法

不適切な飼養管理に遭遇した場合は、その動物がいる管轄自治体（保健所、動物愛護センター）に連絡してください。虐待かどうか自信がもてないときも管轄自治体へ連絡を。明らかな虐待だと思うとき、虐待を目のあたりにしたときは警察へ通報しましょう。

その他できることは、動画・写真・録音などの証拠をできる範囲でよいので残すことです。ネット上で虐待を発見した場合は、自分の住む都道府県警または警視庁へ連絡します。公園などで不審死体を発見した場合は、そのままの状態で、すぐ警察に通報してください。

具合の悪い、またはケガをしているような犬や猫を発見したなら、動物病院へつれて行く、または動物愛護センターへ連絡して指示を仰ぎましょう。２０１９年の動物愛護管理法の改正により、獣医師には動物虐待の通報の義務が明記されました。つまり獣医師がこれは虐待の可能性があると判断した場合、獣医師から警察や管轄自治体へ通報することになります。

２０２２年の動物虐待検挙件数（警察庁発表）は１８１件ありました。10年前は36件でしたから、大幅に増えています。その半数以上が市民からの通報によるものです。市民の力がいかに重要であるかがわかります。

動物が守られる社会へ

国民の意識が向上してボトムアップが進んだ事例を紹介します。
［写真6］はアメリカのシアトル市とデイビス市のペットショップです。どちらも犬猫の生体は販売していませんが、その背景に違いがあります。デイビス市のあるカリフォルニア州では、犬猫の生体販売は法律で禁止されています。一方シアトルでは、私たちが視察に訪れたときは、生体販売は禁止されていませんでした。それでも販売していないという理由は、動物がほしいという市民は動物保護施設へ行くため、ペットショップで生体を販売しても売れないからです。そのため、このペットショップでは猫の保護団体と協力して、ショップ内に猫の譲渡施設を設けました。ここで譲渡が成立した場合、新しい飼い主はこのショップで猫のエサや猫砂などを購入していきます［写真7］。

このようにボトムアップが進むと、法律による規制というトップダウンがなくとも、動物福祉が配慮される社会になっていくことがわかります。

[写真6] 米国シアトル市のペットショップ(左)とデイビス市のペットショップ。

[写真7] 譲渡が成立した新たな飼い主さんたちが、新たな家族のためにショップで買い物をする。写真はシアトルのショップ。

――おわりに―― 動物福祉における飼い主とペットの相互に与える影響

動物福祉の向上には、飼育施設だけではなく、飼い主・飼育者など動物の世話をする人がキーポイントとなります。飼育者が動物をどう取り扱うかが、動物の福祉に大きく影響すると考えられているのです。

たとえばこの子犬［写真8］は、後脚が開脚しているためにペットショップで売れ残っていました。そこで一時保護していただいているお宅で、適切な栄養を与えリハビリを試みました。その結果10日後には、脚力がついてきて普通に歩けるほどに回復しました。適切な飼養管理には環境面だけでなく、適切な世話をする飼い主の存在も含まれます。ペットに十分な手をかけることにより、信頼関係の構築につながります。

飼い主が動物に与える影響がある一方で、適正に飼育されている動物が飼い主に与える良い効果についても次のような報告があります。

①免疫力が向上する
②ストレスと不安がなくなる

③血圧の低下
④規則正しい生活になる
⑤リラックス効果
⑥社会交流が増える
⑦情緒の安定
⑧リハビリ効果　など

そのほか吃音や学習障害などがある子どもが、ペットに読み聞かせなどをすることによって障害の改善が認められるなど、動物介在教育（療法）も知られています。

ペットと飼い主の絆は、科学で説明できないこともあります。たとえば飼い主が末期がんになったとき、愛犬も同じ臓器にがんが見つかり、愛犬が亡くなった後、飼い主のがんが治癒した話を聞いたことがありました。ま

［写真8］保護犬のビフォア・アフター。
左はリハビリ中の子犬。

た、私の実体験として手術をすれば完治が見込めるペットの病気のことで、飼い主が金銭的な面で悩んでいる最中にペットが急死してしまったことがありました。このケースでは、すぐに亡くなるような病状ではなかったので、おそらく飼い主を自分のことで悩ませたくないというペットからの愛情のようにも感じられました。このような不思議な経験は一度ならずありました。

ときに神秘的とも言えそうな恩恵を私たちにもたらしてくれるペットの存在。こうした家庭動物を幸せにしてあげることも、私たち人間の役割なのではないかと思います。ペットと人間が相互によい影響を与え合い、かけがえのない存在として幸せに暮らせる社会であることを願っています。

［ま］

［や］

［ら］

［わ］

［な］

［は］

［さ］

［た］

索引

［あ］

［か］

著者紹介

植木美希（うえき・みき）

日本獣医生命科学大学名誉教授。博士（農学）〔東京大学 論文博士〕

神戸大学農学部卒、同大学院自然科学研究科修了。神戸大学で農業経済学を学ぶかたわら、有機農業運動に関わる。主な著書に『日本有機農業の旅』（ダイヤモンド社 1992）『EUの有機アグリフードシステム』（日本経済評論社 2004）『日本とEUの有機畜産』（農文協 2004）、共著書に『動物福祉の現在』（農林統計出版 2015）、共訳書に『動物福祉の科学』（緑書房2017）他がある。日本学術振興会特別研究員、（社）食品需給研究センター研究員を経て1999年に日本獣医生命科学大学講師に就任。2011年同大の教授となる。その間の2005–2006年には英国コベントリー大学の客員研究員。動物福祉の先駆的な研究者となる。2019年より日本獣医生命科学大学のダイバーシティ推進委員会委員長を務める。学校法人日本医科大学中央倫理委員会委員（2016–2019）、しあわせキャリア支援センター委員（2017–2023）、学生相談室長兼任（2022–2023）。現在、AWFCJ（アニマルウェルフェアフードコミュニティジャパン）代表、共生社会システム学会副会長。

田中亜紀（たなか・あき）
日本獣医生命科学大学獣医学部 獣医学科野生動物学研究室 特任教授
中学生の頃に初めて動物保護施設を訪ねたことがきっかけで、獣医師を志す。1992年、日本獣医生命科学大学（当時は日本獣医畜産大学）に入学。卒業後は動物病院に勤務した。2002年、カリフォルニア大学デービス校（UCD）に入学。獣医学部でシェルターメディスンを専攻し、修士課程修了。2014年、疫学部にてシェルターメディスンをテーマに博士号取得。UCD研究員を経て2019年に帰国、2020年から日本獣医生命科学大学の講師、現在は特任教授。日本におけるシェルターメディスンの第一人者として普及に努める。公益社団法人 日本動物福祉協会の獣医師、町屋奈さんとは同期生で共同研究も行う。

町屋 奈（まちや・ない）
公益社団法人 日本動物福祉協会
獣医師・調査員
日本獣医生命科学大学獣医学部獣医学科を卒業。獣医師として公益社団法人日本動物福祉協会に勤務。日本の動物福祉の向上をめざす。学術的な協力関係にある出身大学との協働により設置された社会連携講座「シェルターメディスン講座」で共同研究員として参加。

動物福祉　アニマルウェルフェア——世界の歩みと日本の取組み——

発行日——2024年7月20日初刷　2024年11月20日第二刷

著者——植木美希＋田中亜紀＋町屋 奈

編集——田辺澄江

エディトリアル・デザイン——佐藤ちひろ

制作協力——福井沙羅

イラストレーション——小泉由美

印刷・製本——シナノ印刷株式会社

発行者——岡田澄江

発行——株式会社工作舎

〒169-0072 東京都新宿区大久保2-4-12　新宿ラムダックスビル12F

Phone：03-5155-8940　Fax：03-5155-8941

www.kousakusha.co.jp　saturn@kousakusha.co.jp

ISBN978-4-87502-565-8

＊本書の出版は学校法人日本医科大学の助成を得て実現したものです。